I0480977

INTRODUCCIÓN A LOS
SISTEMAS DE CONTROL DIGITAL

Víctor Hugo Sauchelli

SERIE INGENIERÍA

Introduccion a los Sistemas de Control Digital

UNIVERSITAS

Introduccion a los Sistemas de Control Digital

Dr. Profesor Victor H. Sauchelli

Docente de la Facultad de Ciencias Exactas, Físicas y Naturales
de la Universidad Nacional de Córdoba

UNIVERSITAS

Editorial Científica Universitaria

Diseño de Tapa: Jorge G. Sarmiento (Universitas)
Autoedición: Jorge G. Sarmiento – Marcelo Tejerina – Victor Sauchelli)
Producción Gráfica: Universitas. Editorial Científica Universitaria

Acerca del Autor

- Profesor de Sistemas de Control II de la UNC. Facultad de Ciencias Exactas, Físicas y Naturales.

- Profesor de Instrumentación y Control Automático de la UTN. Facultad Regional Córdoba.

- Profesor de Control en la Universidad Blas Pascal. Córdoba.

- Egresado de la Facultad de Ciencias Exactas, Físicas y Naturales de la Universidad Nacional de Córdoba, en el año 1971, como Ingeniero Electricista Electrónico.

- Cursa el Posgrado en Control Digital en la Universidad Federal de Río de Janeiro, presentando Tesis Doctoral en la Universidad nacional de Córdoba.

- Doctor en Ciencias de la Ingeniería (Orientación Control) de la Universidad nacional de Córdoba en el año 1997.

- Especialista en Educación Universitaria egresado en 1999 de la Universidad Tecnológica Nacional. Facultad Regional Córdoba.

Prohibida su reproducción, almacenamiento y distribución por cualquier medio, total o parcial sin el permiso previo y por escrito de los autores y/o editor. Esta tambien totalmente prohibido su tratamiento informatico y distribución por internet o por cualquier otra red. Se pueden reproducir párrafos citando al autor y editorial y enviando un ejemplar del material publicado a esta editorial.

Hecho el depósito que marca la ley 11.723.

© 2020 UNIVERSITAS. Editorial Científica Universitaria. Córdoba. Argentina.

Indice

Prólogo

La Ingeniería del Control Automático juega un papel fundamental en los sistemas y procesos tecnológicos modernos. Los beneficios que se obtienen con un buen control pueden llegar a ser enormes. Estos beneficios incluyen productos de mejor calidad, menor consumo de energía, minimización de desechos, mayores niveles de seguridad y reducción de la polución.

No obstante lo anterior, la dificultad con el tema de control digital es que algunos de los aspectos más avanzados de la teoría requieren una base matemática grande.

Se ha planteado, y con razón, que la teoría matemática de los sistemas es uno de los logros más significativos del siglo veinte. Sin embargo, su impacto práctico sólo se puede medir por los beneficios que trae en sus aplicaciones.

Este libro, académico, intenta generar un equilibrio que pone un énfasis en el diseño teórico convencional y mediante técnicas con variables de estado, con la actividad real de aplicación de los controladores digitales y sistemas de control industriales, donde los beneficios de las teorías, o la ausencia de ellas, es más claramente percibida.

En un típico problema industrial, uno debe investigar el comportamiento dinámico de aspectos térmicos y fluídicos, enfrentar los problemas que surgen de tasas de muestreo no uniformes en equipos con PLC's, integrar sistemas de instrumentación con redes y protocolos de telecomunicaciones, crear relaciones de confianza con los operadores de las plantas, investigar mecanismos de transferencia de comandos sin saltos para probar diseños en plantas potencialmente peligrosas, etc.

En resumen, experimentamos entusiasmo y frustraciones diarias, retrocesos y progresos que surgen al introducir control avanzado en las industrias.

Con la esperanza de contribuir a desarrollar en los lectores y en particular en los estudiantes de Sistemas de Control II de la Facultad de Ciencias Exactas Físicas y Naturales un conjunto de habilidades y actitudes, que si bien están ubicadas en un ambiente de teorías, los equiparán mejor para enfrentar los desafíos de los problemas de diseño del mundo real.

Además este libro intenta contribuir a la reforma profunda que está experimentando la enseñanza de la Ingeniería Electrónica sobre el Control Automático en todo el mundo. Sin embargo, los cambios de orientación y la reforma curricular de la Carrera, no se hace sólo con nuevos libros; en realidad, la deben llevar adelante las personas: los estudiantes, los profesores, los investigadores, los ingenieros y los evaluadores. También es empujada por las necesidades de la industria, las aspiraciones de la sociedad y las presiones del mercado. Además, para que estos esfuerzos sean eficientes y sustentables, la comunidad de quienes hacen la ingeniería del control necesita transmitir sus experiencia a través de textos, publicaciones, simulaciones y recursos basados en la red mundial. Así, siempre habrá necesidad para enfoques diferentes y complementarios.

Deseo enfatizar que éste no es un manual de como hacer las cosas. Por el contrario, he tratado de hacer una presentación amplia, aunque condensada, de una ingeniería de control digital rigurosa. Utilizo la matemática como un medio para modelar el proceso, para analizar sus propiedades cuando opera bajo realimentación, para sintetizar un controlador y para dimensionar y describir la compleja trama de compromisos y restricciones que tiene un problema particular.

En forma más específica, creo que el éxito en los proyectos de control depende de dos ingredientes claves: (i) una comprensión amplia del proceso mismo, obtenida a través del estudio de los aspectos fenomenológicos más relevantes (físicos, químicos, etc.); y (ii) el dominio de los conceptos fundamentales de la teoría de señales, filtros y sistemas de realimentación.

El primer ingrediente típicamente toma más del cincuenta por ciento del esfuerzo y es una componente inevitable en el ciclo completo de diseño, la transformada zeta, impulso y de desplazamiento siguen la línea de pensamiento del control clásico.

Sin embargo, es poco práctico dar detalles de todos los procesos a los que se puede aplicar el control automático, ya que ellos cubren muy diversas categorías, incluyendo plantas químicas, sistemas electromecánicos, robots, centrales de generación de energía, industria del acero, de alimentos, pulpa y papel, etc. Por ello, es preferible enfatizar aquellos aspectos fundamentales de la ingeniería del control, que son de interés común para todas las aplicaciones. He dejado para los lectores el complementar esto con el estudio necesario para la aplicación particular que sea de su interés, desarrollado mediante aplicaciones concretas.

En síntesis, para segundo ingrediente de la ingeniería del control se ha incluido detalles de varios ejemplos de aplicaciones industriales reales, de modo de dar así un contexto adecuado a los métodos e ideas que se exponen en este libro; siendo, repito un texto académico, de formación básica..

No es mi objetivo el explorar hasta sus últimos extremos los aspectos matemáticos, sino más bien, alcanzar un grado de detalle suficiente para que el lector pueda empezar a aplicar las ideas expuestas, a la mayor brevedad posible. Este propósito tiene implícita la suposición que el lector tiene acceso a facilidades computacionales modernas, incluyendo el paquete MATLAB-SIMULINK. Esta suposición nos permite poner énfasis en la ideas fundamentales más que en las herramientas mismas. Cada capítulo incluye ejemplos desarrollados y problemas propuestos para el lector.

Este texto posee cuatro capítulos, la organización puede contemplarse en el siguiente diagrama conceptual:

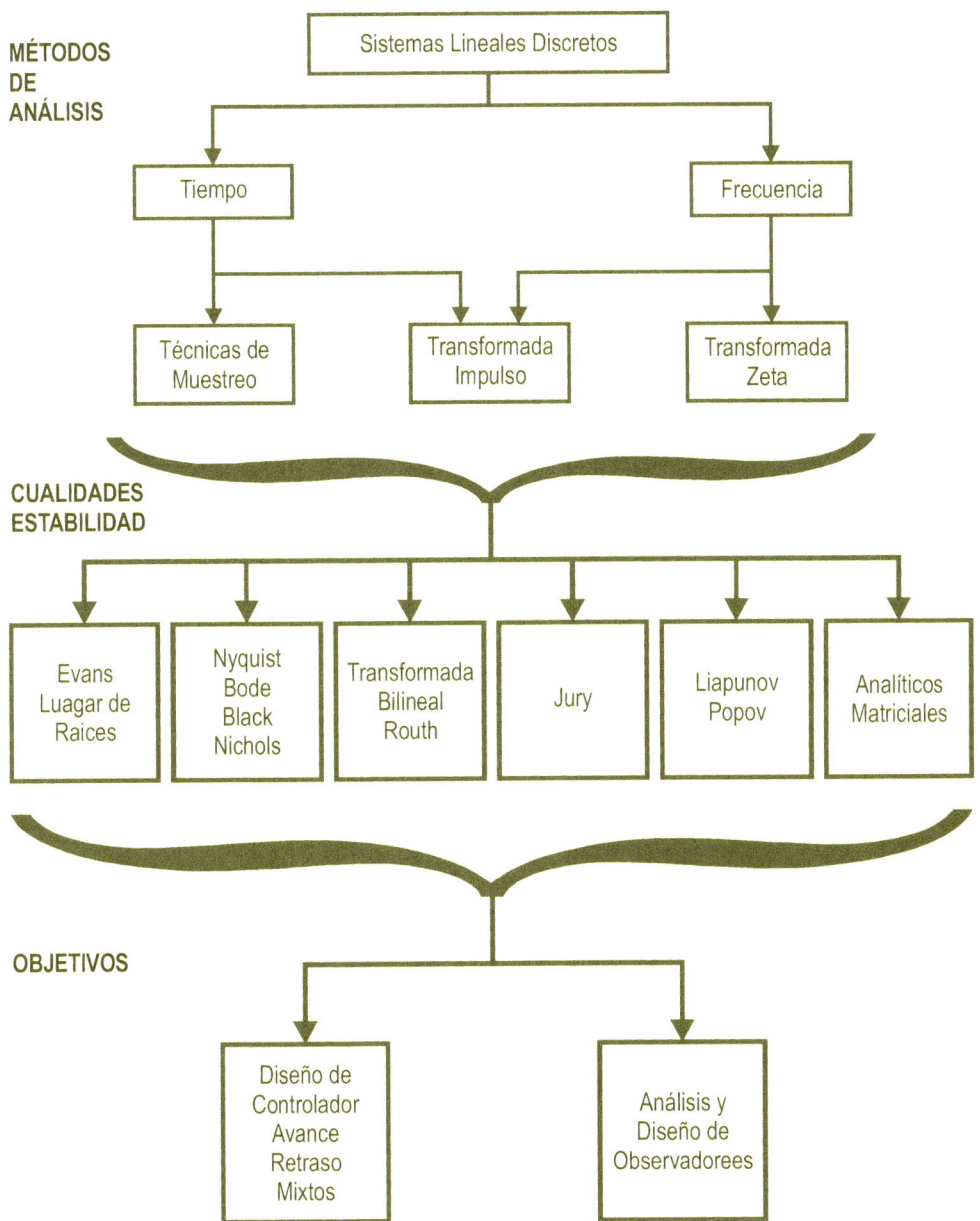

MÉTODOS DE ANÁLISIS

Sistemas Lineales Discretos

Tiempo

Frecuencia

Técnicas de Muestreo

Transformada Impulso

Transformada Zeta

CUALIDADES ESTABILIDAD

Evans Luagar de Raices

Nyquist Bode Black Nichols

Transformada Bilineal Routh

Jury

Liapunov Popov

Analíticos Matriciales

OBJETIVOS

Diseño de Controlador Avance Retraso Mixtos

Análisis y Diseño de Observadorees

1

Proceso de Señales Digitales

1.1. Muestreo

El muestreo de señales tanto de tiempo continuo como discreto constituye la base de la digitalización. Es esta operación sustentada por el teorema de muestreo lo que a permitido almacenar, distribuir y en general procesar señales con un alto rendimiento.

El teorema del muestreo fue aplicado por Nyquist* en 1928 pero formalmente demostrado por Claude Shanmon* en 1948.

El proceso del muestreo trata de definir una señal mediante un número finito de muestras y se lo demuestra para señales de tiempo continuo pudiendo generalizar este teorema para tiempo discreto.

Según las condiciones establecidas para muestrear una señal, se clasifica en ideal, natural e instantáneo, real o creta plana.

1.1.1. Muestreo ideal

Se denomina así porque los muestreos están representadas por el área de funciones singulares $\delta(t)$ de la forma $x(k)\ \delta(t-k)$. Este muestreo se puede suponer como el producto de una señal $x(t)$ por un tren de impulso de la forma:

$$\sum_{-\infty}^{\infty} \delta(t - kT)$$ **que denominaremos: $\delta_T(t)$**

---

* Harri Nyquist: nace el 7 de febrero de 1889, en Nilsby, Suiza, estudia Ingeniería Eléctrica en Norte América. Establece las bases de la discretización, es un prolífero inventor y teórico incansable, es considerado uno de los "padres" de la electrónica moderna.

* Claude Shannon: nace en 1916 en Estados Unidos, Ingeniero Electrotécnico y Matemático se doctora en MIT, realiza la fundamentación matemática de la Teoría de la Información, es un precursor de las comunicaciones digitales y de las técnicas de codificación.

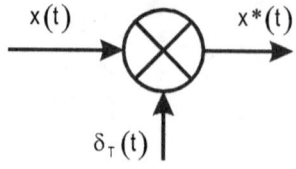

Figura 1-1

Así $x(t).\delta(t\text{-}kT) = x(kT).\delta(t\text{-}kT)$ es una propiedad de $\delta(.)$ la de dar un impulso con área $x(kT)$ que corresponde al valor de $x(.)$ en kT.

Justamente esta propiedad la denominada de "muestreo" de la función impulso.

Luego:

$$x(t)\sum_{k}\delta(t-kT)=\sum_{k}x(kT)\delta(t-kT)=x*(t)$$

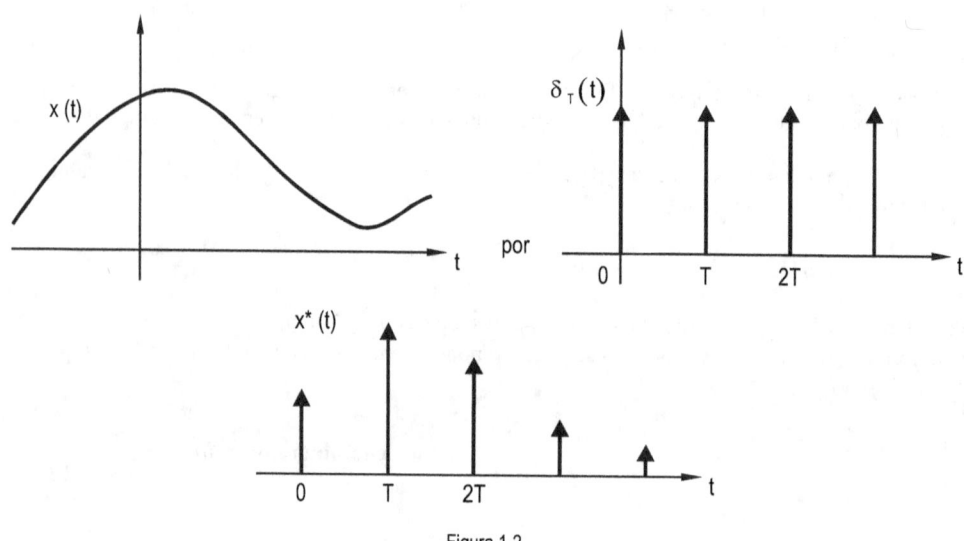

Figura 1-2

Como es clásico en el estudio de sistema las cualidades y exigencias en el dominio del tiempo se los trata de analizar y resolver en el dominio de la frecuencia (y viceversa).

Si

$$x(t)\cdot h(t) \Leftrightarrow \left(\frac{1}{2\pi}\right)X(\omega)*H(\omega)$$

Para analizar el muetreo, estudiemos el espectro de frecuencia de $x(t)$ o transformada de Fourier $X(\omega)$, supongamos con forma triángulo el módulo de éste espectro.

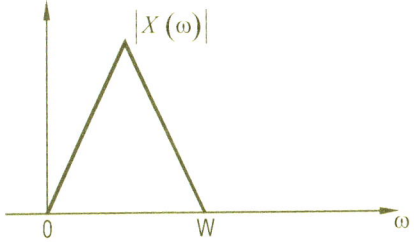

Figura 1-3

Donde exigimos que $/X(\omega)/ = 0$ si $/\omega/ > W$; limitada en frecuencia.

La transformada del tren de impulsos $\Sigma \; \delta(t-kT)$ es: $\omega_s.\Sigma\delta(\omega-k\omega_s)$ con: $\omega_s = {}^{2\pi}/_T$.

La transformada de un tren de impulso es otro tren de impulsos en dominio de la frecuencia, resulta:

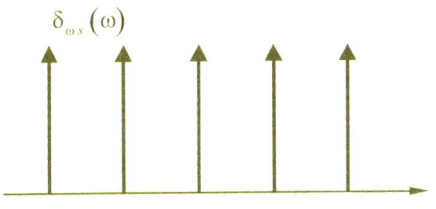

Figura 1-4

que convolucionado con $X(\omega)$ produce la repetición de $X(\omega)$ centrado en la frecuencia de cada pulso con una amplitud relativa de $\omega_s/_\pi$:

$$\frac{1}{2\pi} X(\omega) * \omega_s \sum_k \delta(\omega - \omega_s k) = \frac{\omega_s}{2\pi} \sum_k X(\omega_s k) * \delta(\omega - \omega_s k) = \frac{\omega_s}{2\pi} \sum_k X(\omega - \omega_s k) = X*(\omega)$$

Nota: $X*(\omega)$ el $*$ significa en esta aplicación transformada impulso

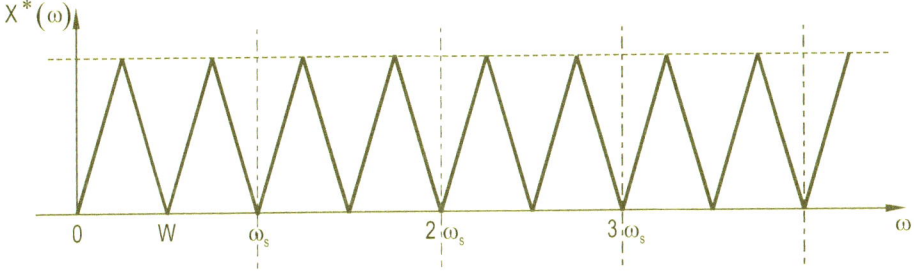

Figura 1-5

Si resulta que $2W > \omega_s$ se produce "aliasing" o sea formación de frecuencias extrañas (alias) en éste caso la representación muestra mordeduras:

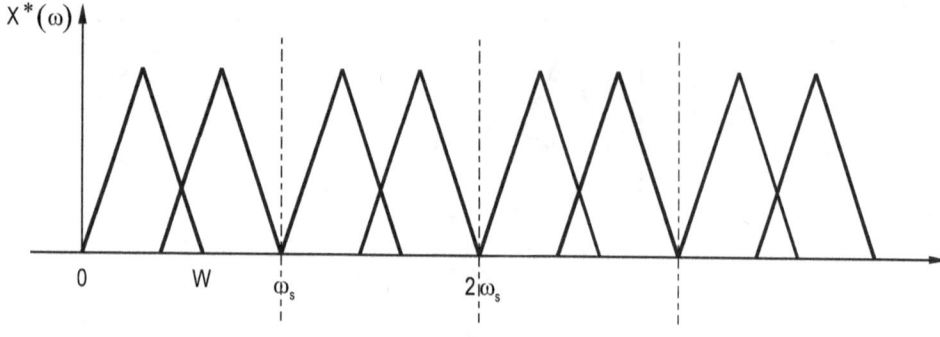

Figura 1-6

Esto representa un deterioro de la información asociada a $x(t)$ lo cual, a fin de conservar la señal $x(t)$ sin distorsionar es necesario que las formas en frecuencia se mantengan iguales a la original, salvo la amplitud que debe afectar a toda la banda de frecuencia. Como siempre el proceso de transmitir señales sin distorsión es conservar la "forma" de estas señales. Luego

$$W \le \frac{\omega_s}{2} \qquad \text{o} \qquad 2\pi f_{mx} \le \frac{2\pi}{T \cdot 2}$$

$$f_{mx} \le \frac{1}{2}T \qquad \text{o} \qquad T \le \frac{1}{2 f_{mx}}$$

Si $f_s = \frac{1}{T}$ luego

$$f_s \ge 2 f_{mx}$$

Se dice: *que al menos se deben tomar dos muestras de la componente de mayor frecuencia (f_{mx}) que se desea conservar.*

Ejemplo

Sea

$$x(t) = 10\cos 2\pi \cdot 20 t$$

La cual se pretende muestrear con una "tasa" (la palabra "tasa" es un neologismo que indica velocidad en este caso) de 28 y 56 muestreos por segundo.

La *fmx=20Hz* consecuentemente una tasa de 28 Hz no cumple con el teorema y se producirá aliasing para la tasa de 56 Hz como es mayor a 40 Hz si cumple.

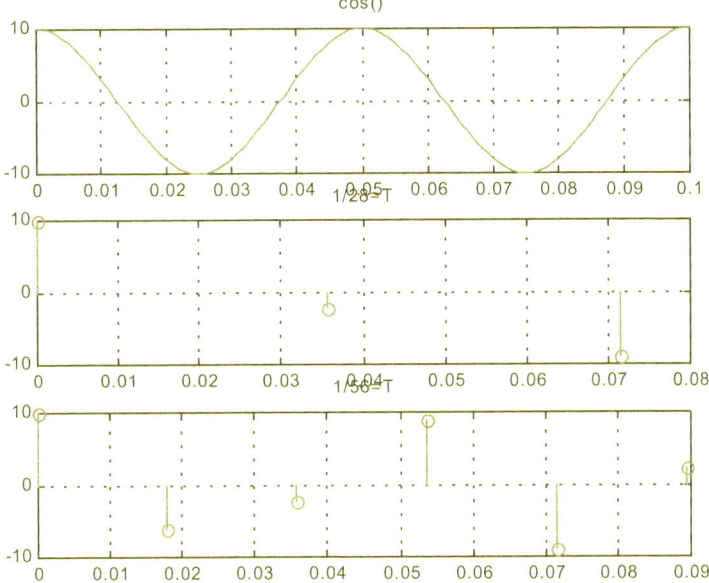

Figura 1-7

```
t=0:0.001:0.1;
x=10*cos(40*pi*t);
n=0:(1/28):0.1;
y=10*cos(40*pi*n);
m=0:(1/56):0.1;
z=10*cos(40*pi*m);
subplot(3,1,1),plot(t,x), grid,title('cos()');
subplot(3,1,2),stem(n,y), grid,title('1/28=T');
subplot(3,1,3),stem(m,z), grid,title('1/56=T')
```

Conclusión: con el muestreo de 1/28 seg la interpolación no permite reconstruir a $x(t)$

1.1.2. Muestreo natural

Se trata que el tren de impulso rectangulares de muestreo, de duración τ y periodo T_0 sea

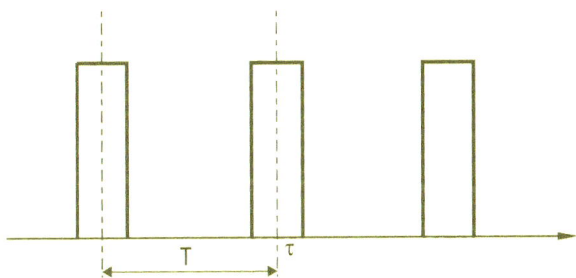

Figura 1-8: Señal que denominamos $p_\tau(t)$

Por lo cual, el espectro de frecuencia de $p_\tau(t)$ será $P_\tau(\omega)$, un tren de impulsos de frecuencia con áreas (pesos) que siguen la envolvente *senc (.)* de la forma dibujada, con: $\omega_s = {}^{2\pi}/_T$

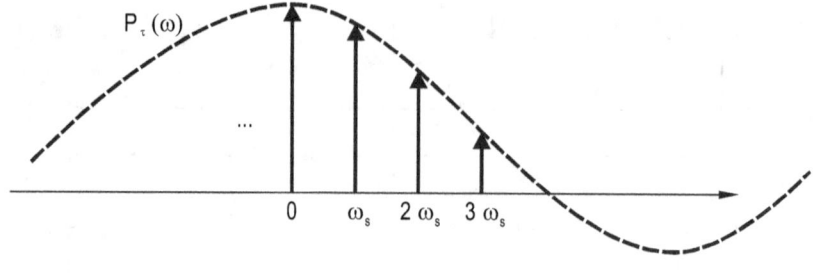

Figura 1-9

Si ahora multiplicamos una señal limitada en banda $x(t)$ con espectro $X(\omega)$ por esta señal en dominio temporal.

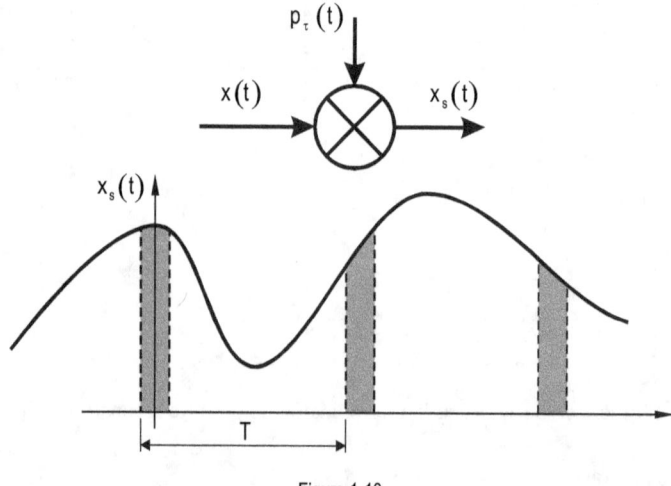

Figura 1-10

Se observa que el borde superior de los pulsos es la curva de $x(t)$ son trapecios curvilíneos.

Por el teorema del muestreo, resulta:

$$X_S(\omega) = \frac{1}{2\pi} P_\tau(\omega) * X(\omega)$$

con

$$T = \frac{2\pi}{\omega_S} \qquad \text{y} \qquad \omega_S = 2\omega_{mx} = 2W$$

entonces

$$T = \frac{\pi}{W}$$

Además podemos escribir a $P_\tau(\omega)$ como:

$$P_\tau(\omega) = 2 A \tau \omega_{mx} \sum_{n=-\infty}^{\infty} \mathrm{Sa}\left(n \tau \omega_{mx}\right) \delta\left(\omega - 2 n \omega_{mx}\right)$$

Que al convulsionar resulta:

$$X_S(\omega) = \frac{1}{\pi} A \tau \omega_{mx} X(\omega) * \sum \mathrm{Sa}\left(n \tau \omega_{mx}\right) \delta\left(\omega - 2 n \omega_{mx}\right)$$

$$= \frac{A \tau}{T} \sum_{n=-\infty}^{\infty} \mathrm{Sa}\left(n \tau \omega_{mx}\right) X\left(\omega - 2 n \omega_{mx}\right)$$

Con lo que se "conserva" la forma de $X(\omega)$ con amplitud dada por Sa(.) ó *senc (.)* en la frecuencia que se trate múltiplo de ω_{mx} pero de valor constante para cada banda.

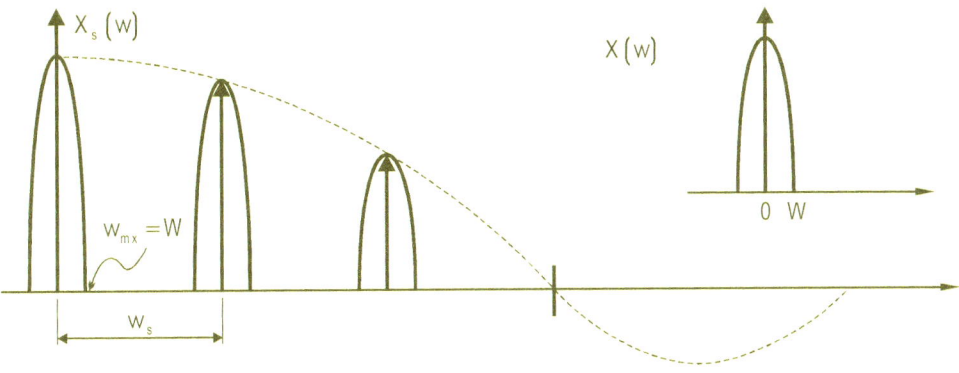

Figura 1-11

Luego: se conserva la información ya que el modelo de la señal se repite sin distorsión cada ω_s aunque la amplitud se verá disminuida cada salto de frecuencia ω_s situación que no es grave si se rescata la señal desde un filtro pasabajo centrado en cero.

1.1.3. Muestreo instantáneo

Es común que el tren de pulsos no posea una forma estrictamente rectangular, sino una exponencial de subida y otra exponencial de decrecimiento.

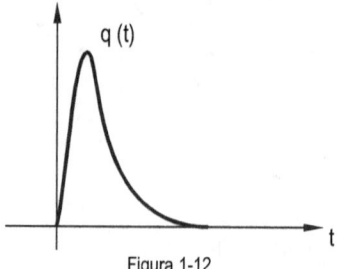

Figura 1-12

La amplitud de este pulso *q(t)* esta determinada por la señal *x(t)*. Si se multiplica a ambas señales, en el supuesto de un tren de pulsos *q_T(t)* resulta

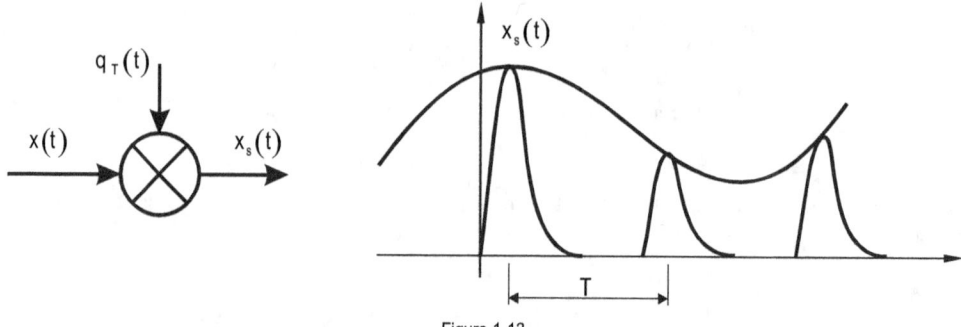

Figura 1-13

En un instante la altura de los pulsos alcanza *x(t)* por ello se lo suele llamar instantáneo.

Podemos suponer que a *q(t)* lo realizamos mediante un filtro con respuesta al *δ(t)* de *q(t)* así:

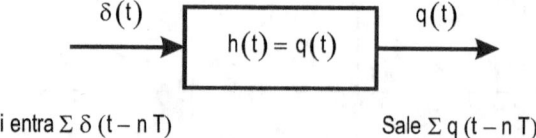

Figura 1-14

Si analizamos a *q(t)* resulta que este pulso extraño posee un espectro de frecuencia digamos $Q(\omega)$ de la forma similar a una función *senc (.)* pero recordemos que nos referimos a un pulso:

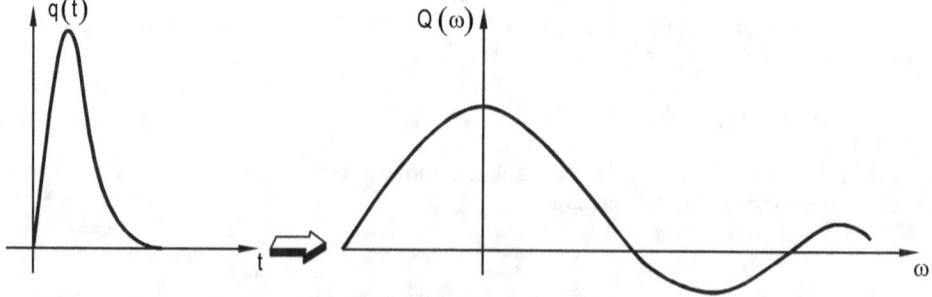

Figura 1-15: $Q(\omega)$ es un espectro continuo.

Podríamos suponer a este muestreo instantáneo como un muetreo ideal seguido de un filtro $Q(\omega)$ o sea:

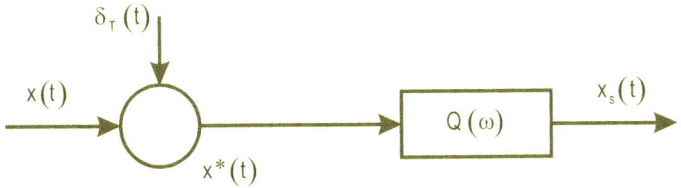

Figura 1-16

Veamos con gráficos:

x(t) limitado en frecuencia, posee un *X(ω)* de la forma:

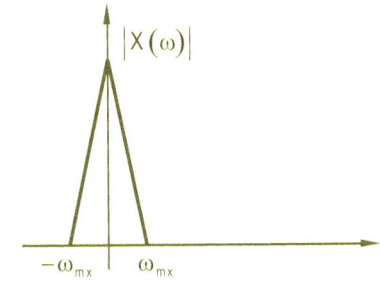

Figura 1-17

x*(t) es el resultado del muestreo ideal resulta:

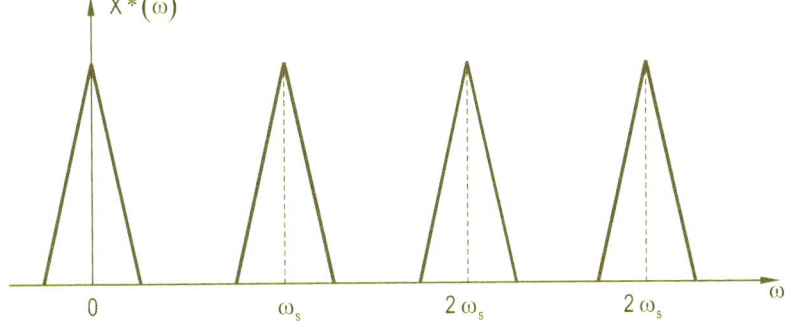

Figura 1-18

Que al pasar por el filtro $Q(\omega)$ ¡se distorsiona! pues las amplitudes relativas no se conservan.

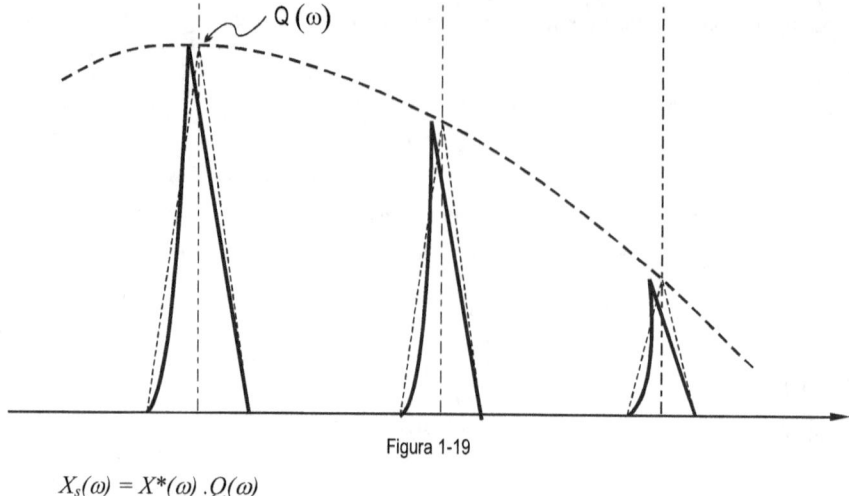

Figura 1-19

$$X_s(\omega) = X^*(\omega) \cdot Q(\omega)$$

La distorsión producida por $Q(\omega)$ puede ser grave o no, depende del proceso, si el pulso $q(t)$ fuese muy breve, o sea τ pequeña

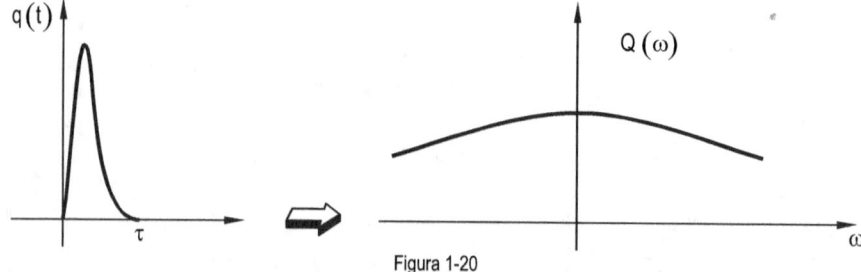

Figura 1-20

$Q(\omega)$ es "casi" horizontal para una banda de frecuencia de varias veces ω_s pero si no fuese así, debe corregirse esta distorsión (de ser posible) con un "filtro inverso" en realidad deberíamos decir recíproco o sea a recuperar la señal por medio de un pasabajo ideal, afectado de otro filtro tal que

$$H(\omega) = \frac{1}{Q(\omega)}$$

en la banda de: $[0, \omega_{mx}]$

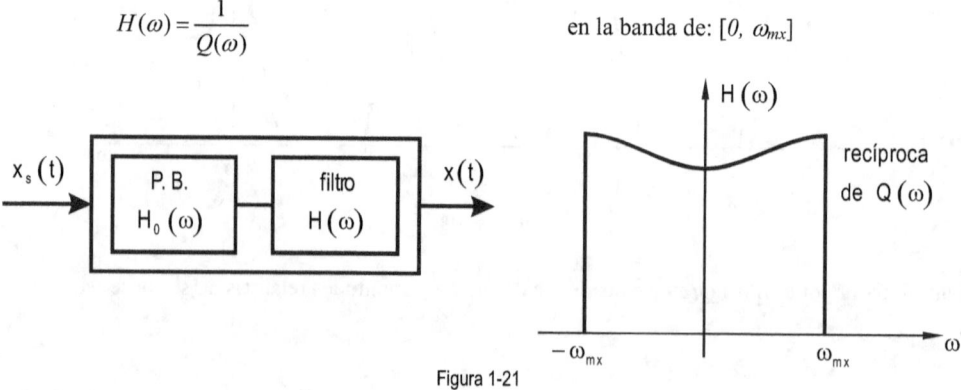

Figura 1-21

Esto no siempre es posible, pues $Q(\omega)$ provien de una función senc(.) y su recíproca no es realizable, pero puede aproximarse con un filtro racional, que corrige esta distorsión.

2.2. Muesteo y Reconstrucción

Una introducción al hard

1.2.1. Convertidor Digital/Analógico

La función básica del convertidor es transformar una señal digital en su equivalente analógico.

La tensión analógica de salida del D/A puede representarse como:

$$V_o = V_{ref}(A_1.2^{-1} + A_2.2^{-2} + ... + A_n.2^{-n})$$

donde V_{ref} es una tensión de referencia, los A_1, A_2,...,A_n representan los dígitos binarios o bits.

A_1 se lo denomina el bits mas significativo MSB= $V_{ref}/2$.

A_n se lo denomina el bits menos significativo LSB = $V_{ref}/2^n$.

La resolución del convertidor es el menor cambio analógico que puede reproducir y es igual al A_n en voltios.

Uno de los circuitos mas sencillos utiliza una red de resistencias calibradas y un sumador analógico. La palabra binaria controla los conmutadores el 1 indica conmutador cerrado y el 0 abierto. Las resistencias están calibradas progresivamente mediante un factor de 2 de esta forma se producen las respectivas contribuciones A_i a la salida.

Aparecen dos problemas, el primero es que se requiere resistencias de un amplio rango de valores, si se dispone de una palabra de 10 bits se requiere el rango de 1000 a 1.

Además puesto que laos conmutadores están en serie con las resistencias, la resistencia de circuito cerrado debe ser muy baja y tener tensión de desplazamiento nula.

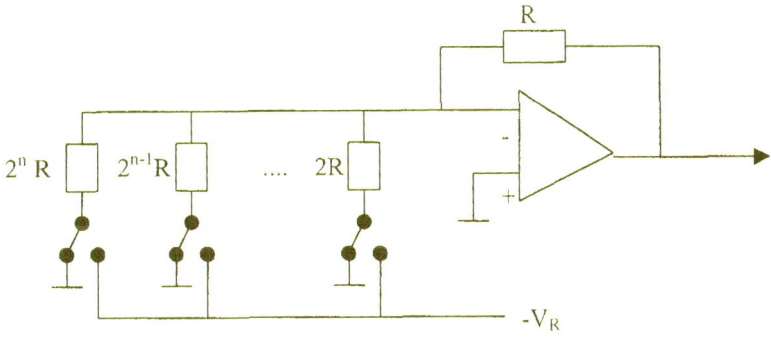

Figura 1-22

Otra configuración que evita el problema de la amplia gama de resistencias, solo requiere dos valores R y 2R con valores reales que oscilan entre 2,5 kE a los 10kE.

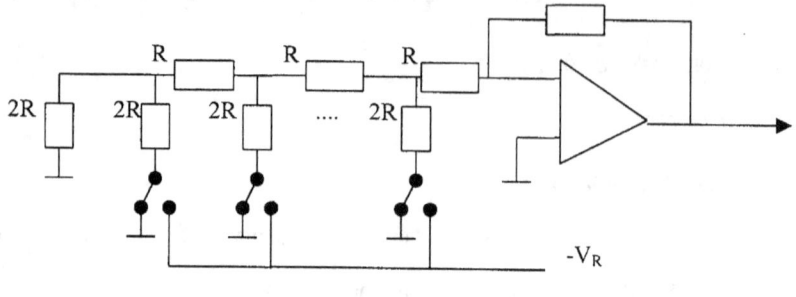

Figura 1-23

Con un Thevenin equivalente se puede demostrar que las entradas se reducen una a una por un factor de 2 desde la A_1 hasta la A_n .

Lo mismo requiere resistencias de contacto muy bajas y tensiones de desplazamiento nula.

Puesto que la corriente que fluyen en la red cambian al cambiar la palabra de entrada, la disipación de potencia cambia, causando alinealidades en el CDA.

Las versiones monolíticas de CDA utilizan los siguientes configuraciones conocidas como red R-2R invertida. Las corrientes en esta red son constantes y la temperatura puede estabilizarse, los dispositivos mas populares usados en la conmutación son los CMOS.

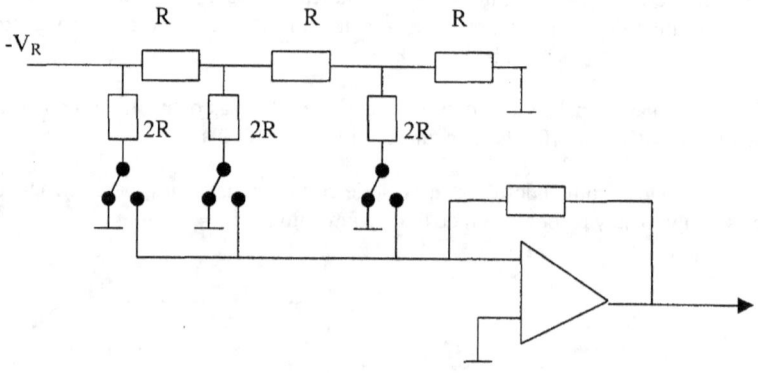

Figura 1-24

1.2.2. Convertidores Analógicos Digitales CAD

El dispositivo básico de estos conversores es el comparador:

Figura 1-25

Si

$$V_1 > V_2 \rightarrow V_o = \text{''}1\text{''}$$

Si

$$V_1 < V_2 \rightarrow V_o = \text{''}0\text{''}$$

Para realizar la conversión se varía una tensión de referencia V_R para determinar cual de las 2^n diferentes valores de la forma:

$$V_R = V_r \sum_{i=1}^{n} A_i 2^{-i}$$

donde V_r es una tensión de referencia continua y A_i los coeficientes buscados.

Se intenta escoger los A_i de forma que el error entre la entrada desconocida y el conjunto discreto Vx sea mínimo:

$$error = |Vx - V_R| = \left| Vx - V_r \sum_{i=1}^{n} A_i 2^{-i} \right|$$

Un CDA de n bits puede generar cualquiera de los 2^n estados posibles.

Se puede mejorar con sistemas delta (diferencia) en un apretado resumen se pueden encontrar:

Rampa - Contador seguidor	Hasta 1000 conversiones por seg. por bits
Aproximaciones sucesivas	10^6 conversiones por seg.
Rampa única	1000 conv. por seg
Rampa doble	1000 conv. por seg
Paralelo flash	10^6 a 10^8 conv por seg

1.3. Cuantificación

La señal $x(t)$ que es continua, se la representa con niveles permitidos que difieren un cierto valor, el número de niveles se elige múltiplo de 2 para permitir una codificación binaria.

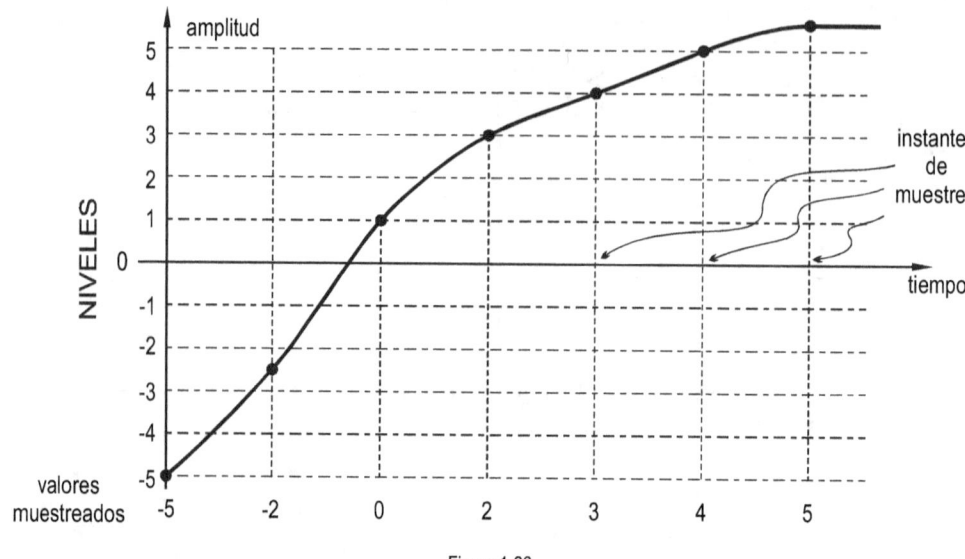

Figura 1-26

Este tipo de cuantificación llamada uniforme puede también representarse así:

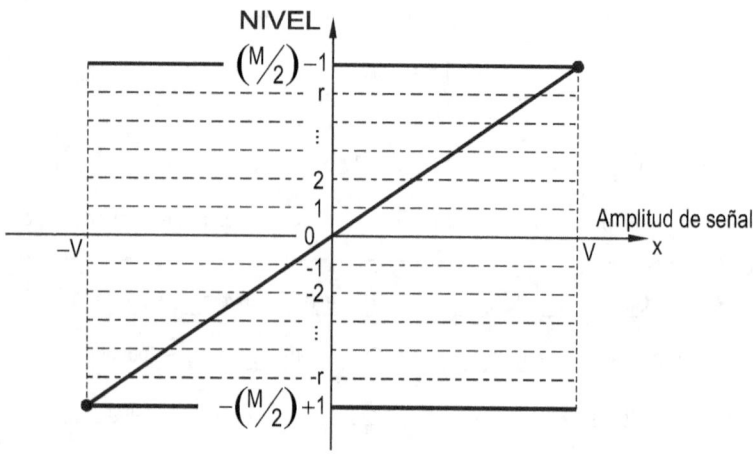

Figura 1-27

La amplitud de la señal es V o sea $x(t) \in \left[-V, V\right]$ el número de niveles es M.

La operación de cuantificación es reemplazar la amplitud de la función continua de variable continua t y por una función discreta de M niveles de una variable discreta y todo el proceso acorde al periodo de muestreo. La ecuación de la recta de transformación uniforme es:

$$y = \frac{M}{2V} \cdot x$$

se pasa de la variable x a la y.

El entero M se puede expresar como:

$M = [y]$ (parte entera de y) es el mayor entero menor o igual a y la gráfica será:

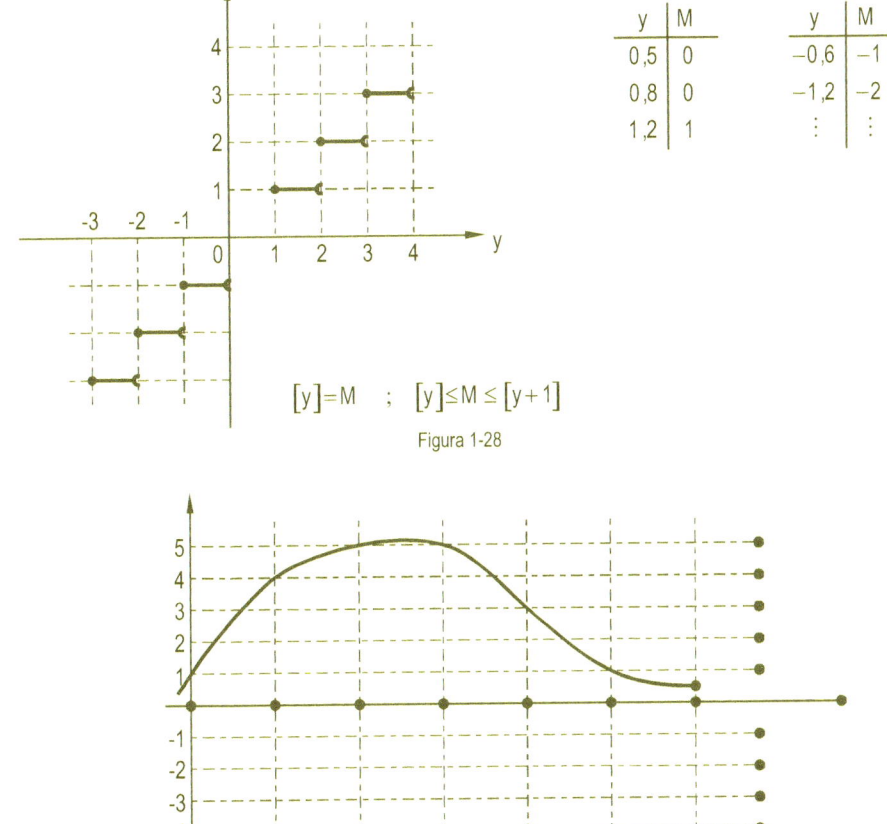

y	M
0,5	0
0,8	0
1,2	1

y	M
−0,6	−1
−1,2	−2
⋮	⋮

$$[y] = M \quad ; \quad [y] \leq M \leq [y+1]$$

Figura 1-28

Figura 1-29

Nota: Es apropiado a fin de evitar incertidumbre de la señal cuando esta en valor nulo, y presente el ruido, que hace que pueda generar una sucesión de $\{0,1\}$ como si fuese una granalla, tomar $[y] + \frac{1}{2}$ en lugar de $[y]$ en este caso el error puede ocurrir entre $-\frac{1}{2}$ y $\frac{1}{2}$, siempre de salto unidad en este caso normalizado.

Al error de aproximación a un entero, se denomina de cuantificación y una sucesión de estos errores produce una forma de onda parecida al ruido cuando la salida se reconstituye partiendo de muestras.

1.3.1. Error de cuantificación, uniforme

Vamos a calcular el error en el caso de una cuantificación uniformemente espaciada con saltos de términos uniformes de a voltio, o sea con niveles entre:

$$0 \; ; \pm \frac{a}{2} \; ; \pm \frac{3}{2}a \; ; \pm \frac{5}{2}a; ...$$

sobre un total de M niveles.

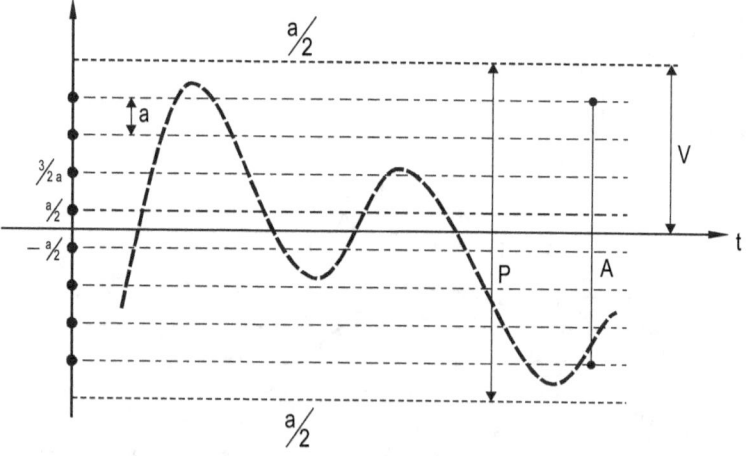

Figura 1-30

con una excursión máxima de señal entre valores positivos y negativos de P voltios siendo V voltios el valor pico $2V = P$.

El salto

$$a = \frac{P}{M} = \frac{2V}{M}$$

con M el número de niveles.

Las amplitudes cuantificadas se presentan en

$$\pm \frac{a}{2} \; ; \pm \frac{3}{2}a \; ; \frac{5}{2}a \cdots ; \pm (M-1)\frac{a}{2}$$

las muestras cuantificadas cubren el intervalo $A = (M-1)a$ voltios.

La cuantificación introduce un error ya que cualquier nivel genérico *j* puede proveer en voltaje *Aj* comprendido entre $Aj - \frac{a}{2}$ y $Aj + \frac{a}{2}$, es decir "*a*" es la región de incertidumbre.

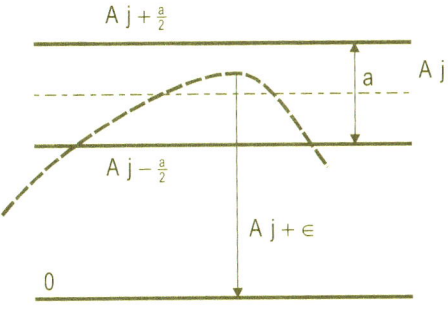

Figura 1-31

Para evaluar correctamente el error cometido se debe trabajar con el voltaje de error cuadrático medio, pues tomar la simple diferencia puede conducir a diferencia nula en un intervalo y cometer así errores. Se trabaja con la variancia o promedio del cuadrado de la diferencia, que determina el error cuadrático medio.

Para ello supondremos la probabilidad de error dentro de la región de incertidumbre es de función de densidad de probabilidad *f(x)* uniforme de valor:

$$f(x) = \begin{cases} \dfrac{1}{a} & si \quad -\dfrac{a}{2} \le x \le \dfrac{a}{2} \\ 0 & otro \quad x \end{cases}$$

El voltaje instantáneo será

$$Aj + \in \quad donde \quad -\tfrac{a}{2} \le \in \le \tfrac{a}{2}.$$

El valor promedio cuadrático de error será:

$$(\varepsilon^2)_{med} = \frac{1}{a} \int_{-\frac{a}{2}}^{\frac{a}{2}} \varepsilon^2 \, d\varepsilon = \frac{1}{a} \frac{\varepsilon^3}{3} \Big|_{-\frac{a}{2}}^{\frac{a}{2}} = \frac{1}{3a}\left[\frac{a^3}{8} + \frac{a^3}{8}\right] = \frac{a^3}{3.4a} = \frac{a^2}{12}$$

El error medio en voltios es entonces $\dfrac{a}{\sqrt{12}}$ y representa al error rms a la salida de la cuantificación , muchas veces denominado por abuso de lenguaje "ruido" de cuantificación.

A la relación entre potencia de señal y potencia de error (ruido) una especie de SNR se la expresa en valores "**picos**" de señal en volts como término de potencia de la señal, (sería una potencia pico).

Como la señal pico es $V = \dfrac{a}{2} M$. La excursión pico de la señal la relación entre tensiones es:

$$\frac{S_{ov}}{N_{ov}} = \frac{V}{\frac{a}{\sqrt{12}}} = \sqrt{3}M$$

En potencia corresponde

$$\left(S_o \big/ N_o\right) = 3M^2 \qquad\qquad \textbf{pico de salida.}$$

A veces (las más) en dB:

$$\left(\frac{S_o}{N_o}\right)dB = 4,8 + 20\log M$$

Claramente se observa como mejora el sistema con el cuadrado de M, con costos del ancho de banda pues si el código posee dos letras $\{0,1\}$ sabiendo que $M = 2^m$ con m longitud de la palabra código resultaría: $\left(\dfrac{S_o}{N_o}\right) = 3.2^{2m}$ pico de salida, comparando:

$S_o \big/ N_o$ dB	M	Ancho de Banda
11	2	1
17	4	2
23	8	3
29	16	4
35	32	5
41	64	6
47	128	7

En dB resulta:

$$\left(\frac{S_o}{N_o}\right)dB = 4,8 + 20m\log 2$$

Desde un punto de vista práctico, el ruido de cuantificación a la salida del decodificador puede ser: ruido de sobrecarga, ruido aleatorio, ruido granular y ruido de oscilación.

Nota: m es la longitud de la palabra código si son todas de la misma longitud, de lo contrario hay que tomar la longitud media como: $\bar{m} = \sum_{i=1}^{q} m_i P(s_i)$, s_i símbolo de longitud m_i.

Ruido de sobrecarga es producido por un valor excesivo de entrada V. Las crestas de V se aplanan produciendo armónicas indeseables.

Ruido aleatorio son los producidos por el error de cuantización* donde se hace más evidente para valores pequeños de la entrada.

Ruido granular aparece cuando la señal de entrada es pequeña y puede eliminarse con una cuantización no lineal.

Ruido de oscilación es producido por incertidumbre al entrar un valor de tensión al limite de salto, entonces aparece una sucesión de salidas oscilantes.

Retomando lo dicho

$$\left(\frac{S_o}{N_o} \right)_{db} = 4,8 + 20m \log 2 = 4,8 + 6,02m$$

Esto se denomina la "regla de 6 dB" la mejora por adicionar un bit a la palabra PCM (Modulación codificada de pulsos) es de 6 dB

1.4. Teoría de la Información

La teoría de la información trata las siguientes ideas básicas:

a) Medida de la información.

b) Capacidad de un canal de comunicación para transmitir información.

c) La codificación como un medio de utilizar los canales a toda su capacidad.

Estos tres conceptos están ligados por el **teorema fundamental de la teoría de la información:**

> *"Dada una fuente de información y un canal de comunicación, existe una técnica de codificación tal que la información se puede transmitir sobre un canal a cualquier rapidez menor que la capacidad del canal y una frecuencia de errores arbitrariamente pequeña, no obstante la presencia de ruido".*

> *Shannon*

Un aspecto sorprendente de este teorema es la transmisión libre de errores sobre un canal ruidoso, una condición que se obtiene por medio del uso de la **codificación.** En esencia, la codificación se emplea para acoplar la fuente con el canal a fin de que sea segura la transferencia de información

---

* Cuantización es una expresión española aceptada en muchos textos como cuantificación. Ver Couch Leon W. "Sistemas de Comunicación Digitales"

(analogía con la adaptación de impedancia para máxima transferencia de energía).

1.4.1. La Historia

El primer teorema que puede incluirse dentro de este tema de teoría de la información fue establecida en 1924 por Nyquist, donde establece la relación que existe entre el ancho de banda del canal y el numero de pulsos por segundo que se puedan transmitir por él.

Fue Nyquist quien enuncia el teorema del muestreo expresando que si en un canal el ancho de banda es $B = 1/\tau$ en Hz, entonces se puede transmitir la información, mediante pulsos, tomando al menos dos muestras por ciclo de la mayor componente de frecuencia que se desea transmitir *(B)*.

En 1928 Hartley encuentra una relación fundamental entre las constantes del canal y la "información" por unidad de tiempo que puede pasar por él. Hartley planteó la idea de **"capacidad de canal"** que se expresa:

$$C = B \log \left(1 + \frac{S}{N} \right)$$

donde $\frac{S}{N}$ es la relación entre potencia de señal útil a potencia de ruido en el ancho de banda de la transmisión.

Hartley obtiene esta importante expresión en forma intuitiva sin llegar al fondo de la cuestión, posiblemente en 1930 esto no era necesario.

En 1934 Wiener desarrolla la teoría de los filtros óptimos para recuperar la señal en presencia de ruido. Aunque parezca increíble, en la guerra por necesidad de encriptar la información aparecen los sistemas CDMA (acceso múltiple por división de código) que hoy es un sistema de multicanalización usado en telefonía.

Por 1948, el matemático Claude Shannon presenta el trabajo "Teoría Matemática de las Comunicaciones" marcando el punto inicial de la Teoría de la Información. Su incremento fue fantástico, especialmente los enlaces satelitales, al principio con la radiodeterminación y hoy comunicaciones en general.

1.4.2. Información

Aquí se está usando la información como un término técnico, que no debe ser confundido con su interpretación en Ciencias de la Comunicación, donde la importancia es su significado. Nos interesa la " **forma** " eléctrica de las señales, momentáneamente nos separamos de su "contenido" y analizaremos la información o señalización partiendo de la constitución electromagnética de la señal

En el contexto de la comunicación la información es aquello que se produce en la fuente para ser transferida, procesada (computada), distribuida o almacenada. Esto implica que antes de la transmisión la información no estaba totalmente disponible en el destino y hay que procesarla para transmitirla con eficiencia.

Ejemplo 1

Un hombre debe realizar un viaje. Telefonea al servicio meteorológico y recibe uno de los siguientes pronósticos.

P_1 Saldrá el sol I_1

P_2 Lloverá I_2

P_3 Habrá un ciclón I_3

El contenido de información de estos mensajes es muy diferente.

El primero I_1 contiene poca información (el sol sale todos los días), existe poca incertidumbre.

El segundo I_2 , proporciona más información, pues no llueve todos los días.

El tercero I_3 , contiene aún más información, pues los ciclones son raros y poco frecuentes.

Es evidente que si tenemos la certeza que sucederá I_3 se venderán muchos periódicos y se puede pensar en la alharaca que se produciría si se supiera con certeza que se avecina un ciclón.

Conclusión de este ejemplo:

Cuanto menos probable es el mensaje, lleva mayor información

Veamos si podemos encontrar cualidades a la información que nos permitan definirla matemáticamente:

1.4.3. Medida de la Información

Denotando como *I(E)* la información que corresponde a un suceso o evento *E*, se puede decir que *I(E)* es inversamente proporcional a la probabilidad *P(E)* de ocurrencia del suceso *E*.

$$I(E) \approx \frac{1}{P(E)}$$

Si la probabilidad de ocurrencia del suceso *E* es uno, la información ligada es nula, lo obvio no informa.

$$\text{Si } P(E) = 1 \quad \Rightarrow \quad I(E) = 0$$

Si yendo al otro extremo, la probabilidad de un suceso es muy baja, el que se produzca este acontecimiento, genera mucha información. Cuando

$$P(E) \to 0 \quad \Rightarrow \quad I(E) \to \infty$$

La información es aditiva. O sea, en un suceso compuesto independientemente *A* y *B* donde

$$P(E) = P(A) \ P(B)$$

con A y B independiente, su cumple que las informaciones asociadas a estos sucesos son:

$$I(E) = I(A) + I(B)$$

A fin de cumplir estas condiciones se establece que la única relación posible es que:

$$I(E) = \log_a \frac{1}{P(E)}$$

que es la definición matemática adoptada.

La elección de la base del logaritmo define la unidad de información:

log_2	Unidad:	bits
log_e	Unidad:	nats
log_{10}	Unidad:	Hartley

La relación de unidades es: $\log_a x = \dfrac{\log_b x}{\log_b a}$ (un cambio de base logarítmico), luego:

1 Hartley = 3,32 bits

1 nat   = 1,44 bits

Nota: Mientras no se manifieste lo contrario específicamente en este tratado la base de logaritmos que se adoptará es 2 y se escribe simplemente: $\log_2 x = \log x$ y la unidad de información que trabajaremos es el bits.

Resumen

Se puede decir que la medida de información está relacionada a la incertidumbre que tiene el destino de lo que será el mensaje, destacando que la cantidad de información depende de la incertidumbre del mensaje.

Esto implica a la medida de información con las probabilidades. Los mensajes de alta probabilidad indican poca incertidumbre del usuario o poca elección de la fuente llevando una pequeña cantidad de información o viceversa.

Observamos que si

$$P(E) = 1/2, \; I(E) = 1 \; bit.$$

Es decir, un bit es la cantidad de información obtenida al especificar una de dos posibles alternativas igualmente probables.

1.4.4. Fuente de Memoria Nula

Imaginemos una fuente emitiendo una secuencia de símbolos pertenecientes a un alfabeto **finito** y fijo. Sea la siguiente fuente emitiendo q símbolos s_i con q probabilidades p_i

$$S = \begin{pmatrix} s_1 \; ; \; s_2 \; ; \; ... \; s_q \\ P_1 \; ; \; P_2 \; ; \; ... \; P_q \end{pmatrix}$$

Figura 1-32

Los símbolos elegidos, o emitidos sucesivamente, poseen una ley fija de probabilidad.

Si admitimos que los símbolos son estadísticamente independientes, la fuente se denomina fuente de memoria nula.

Puede definirse completamente mediante el alfabeto fuente y las probabilidades asociadas. *Indicar los símbolos de salida y sus probabilidades es definir la fuente.*

Un dato muy importante es el valor medio probabilístico de información que corresponde el conjunto de esos n símbolos generados por la fuente. Es decir cual es la media estadística de información por símbolo.

Recordemos que si x es una variable aleatoria e y una función de esa variable $y = g(x)$ se puede definir la esperanza matemática o media estadística de esa variable. Para x discreta se tiene:

$$E(y) = E[g(x)] = \sum_{i=1}^{N} g(x_i) \; P(x = x_i)$$

siendo $P(x=x_i)$ la probabilidad que x sea igual a x_i.

En nuestro caso:

$$x = P(s_i) = P_i$$

a su vez a $y = g(x) = \log \dfrac{1}{P_i}$, la información asociada a la esperanza matemática es:

$$E\left(\log \frac{1}{P_i} \right) = \sum_{i=1}^{N} P_i \; \log \frac{1}{P_i}$$

este es el valor medio de la información por símbolo que produce la fuente se mide en bits por símbolo (bit/simb)

A este valor se lo denomina **"entropia de la fuente".**

$$H(s) = \sum_{i=1}^{q} P_i \log \frac{1}{P_i} \quad \left[\frac{bits}{simbolo} \right]$$

La probabilidad de que aparezca es $P(s_i)$, de modo que la cantidad media de información por símbolo de la fuente es

$$\sum_{s} P(s_i)I(s_i) \text{ bits}$$

donde $\sum_{s}$ indica la suma extendida a todos los q símbolos de la fuente S.

La asociación de esta entropía con la termodinámica es a través del orden-desorden ya que por sus propiedades se puede considerar una "medida del desorden" *.

Básicamente la entropía en teoría de la información es el valor medio de información asociada a cada símbolo producido por la fuente discreta.

Propiedades de la entropía

1) El valor $H(s)$ es $H(s) \geq 0$ pues $P(s_i) > 0$ y $\dfrac{1}{P(s_i)}$ nunca puede ser negativo.

    El caso $H(s) = 0$ es muy particular, pues un símbolo tiene probabilidad 1 y los demás ceros.

2) El valor máximo de entropía de una fuente de q símbolos es el valor $H_{max}(s) = \log q$ por lo tanto

    $$0 \leq H(s) \leq \log q$$

Demostración

Utilizaremos el cálculo de extremos condicionados, denominados los multiplicadores de Lagrange.

Sea una función u, de n variables y las variables a su vez están vinculadas a través de otra función φ de esas mismas variables:

$$u(x) = f(x_1; x_2; ...; x_n)$$
$$\varphi(x) = (x_1; x_2; ...; x_n) = 0$$

La función a extremar es u con la condición dad por φ ; y queremos encontrar el punto extremo que será por característica del problema un máximo.

Debe cumplirse que:

$$\frac{\delta u}{\delta x_i} + \lambda \frac{\delta \varphi}{\delta x_i} = 0 \qquad \lambda = cte$$
$$\varphi(x_1, ..., x_n) = 0$$

Esto determina un sistema de $n+1$ ecuaciones con $n+1$ incógnitas, las x_i y λ.

En nuestro caso :

$$u = H(s) = \sum_{i=1}^{q} Pi \log \frac{1}{Pi} = \sum_{i=1}^{q} -Pi \log Pi$$

$$\varphi = \sum_{i=1}^{q} Pi - 1 = 0$$

Aplicando la primer condición:

$$\frac{\delta H(s)}{\delta Pi} + \lambda \frac{\delta \sum_{i=1}^{q} Pi}{\delta Pi} = 0 \qquad pues \frac{\delta 1}{\delta Pi} = 0$$

$$\frac{\delta}{\delta Pi}(H(s) + \lambda \sum_{i=1}^{q} Pi) = 0$$

el segundo sumando será igual a λ pues valdrá cero para todas las demás excepto en Pi:

$$\frac{\delta H(S)}{\delta Pi} = \log Pi - 1 \qquad pues \frac{\delta \log Pi}{\delta Pi} = \frac{1}{Pi}$$

$$\lambda + (-\log Pi) - 1 = 0$$

de esta última expresión despejamos $log\ Pi = \lambda - 1$ y además sé que:

$$\sum_{i=1}^{q} Pi = 1 \quad \Rightarrow \quad Pi = \frac{1}{q}$$

λ es una constante, lo que indica que todas las **Pi son iguales** y de valor $1/q$.

Entonces:

$$H(S) = \sum_{i=1}^{q} Pi \log \frac{1}{Pi} = \sum_{i=1}^{q} \frac{1}{q} \log q\ ]$$

luego:

$$\boxed{H(S) = \log q}$$

siendo el valor de un máximo, por lo tanto:

$$H(S) \leq \log q$$

log q es el máximo desorden y se produce cuando todos los símbolos son equiprobables y es el valor de la entropía máxima.

3)   A mayor cantidad de símbolos mayor puede ser la entropía.

4) Caso de descomposición de un símbolo:

Si la fuente genera un símbolo, A y otro B que a su vez se descompone en C y D ; las probabilidades cumplen con:

$$P(A) + P(B) = 1$$

$$P(C/B) + P(A/B) = 1$$

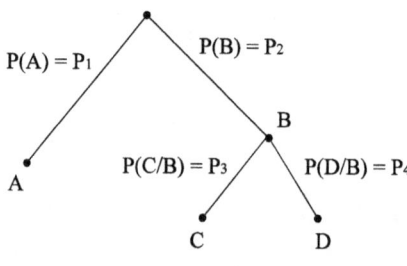

Figura 1-33

Además:

$$P(D/B)\ P(B) + P(D/A)\ P(A) = P(D)$$

pero $P(D/A) = 0$ luego

$$P(D) = P(D/B)\ P(B)$$

de la misma forma

$$P(C) = P(C/B)\ P(B)$$

Simplificando la notación, llamando:

$$P(D) = P_2\ P_4 ; \qquad P(C) = P_2\ P_3$$

La pregunta es cuanto vale la entropía de la fuente $S=\{A,\ C,\ D\}$ descompuesta, como vimos

$$H(s) = \sum -P_i\ \log P_i$$

$$H(s) = P_1\ \log\frac{1}{P_1} + P_2 P_3\ \log\frac{1}{P_2 P_3} + P_2 P_4\ \log\frac{1}{P_3 P_4}$$

como

$$\log\frac{1}{P_2 P_4} = \log\frac{1}{P_2} + \log\frac{1}{P_4}$$

remplazando resulta

$$H(s) = \underbrace{P_1 \log\frac{1}{P_1} + P_2 \log\frac{1}{P_2}}_{\substack{Entropía\,de\,la \\ fuente\,originaria \\ H(s_1)}} + \underbrace{P_2 \left[P_3 \log\frac{1}{P_3} + P_4 \log\frac{1}{P_4} \right]}_{\substack{Entropía\,de\,la \\ descomposicion \\ H(s_2)}}$$

Luego

$$H(s) = H(s_1) + P_2\ H(s_2)$$

Se puede enunciar esta propiedad como:

> *Cuando un símbolo puede descomponerse en varios otros, la entropía de la fuente aumenta en un valor igual a la entropía de la descomposición afectada de un factor igual a la probabilidad de aparición del símbolo descompuesto.*

Ejemplo 2

Calcular la información por la aparición de una letra entre 32 equiprobables.

Solución: **5 bits**

Ejemplo 3

Supongamos una fuente que produce A,B,C y D símbolos con la probabilidades de 1/2; 1/4; 1/8; 1/8.

a) Calcular la información en cada caso.

b) Calcular la entropía de la fuente

c) Si los símbolos son independientes, calcular la información asociada al mensaje BACA.

Solución:

a) *1 , 2, 3 y 3 bits c/u*

b) *H(s)=1/2 log 2 + 1/4 log 4 +2/8 log 8 = 7/3 bits*

c) *2+1+3+1 = 7 bits*

Ejemplo 4

Calcular la probabilidad que aparezcan tres caras consecutivas en las tiradas de una moneda y su información asociada.

Solución:

$$Pccc = 1/2 \cdot 1/2 \cdot 1/2 = 1/8$$

$$Iccc = 3 \ bits$$

Ejemplo 5

De un mazo de 40 cartas españolas se extrae una. Si e entero que es un oro, cuantos bits de información he recibido? Si me informan cual es esa carta, cuantos bits?

Solución:

$$Noros = 40/4 = 10 \qquad Poro = 10/40 = 1/4$$

$$Ioro = log \ 4 = 2 \ bits$$

$$Itotal = log \ 40 = 5,32 \ bits$$

1.5. Información por Unidad de Tiempo

Hasta ahora no ha intervenido el tiempo en nuestro estudio de la información, pero intuimos que es muy importante. Supongamos que la fuente S genera m símbolos por segundo la unidad de m es símbolos /segundo y es la velocidad de generación.

El tiempo de producción entre símbolos y símbolo es $\tau_o = 1/m$ y es el máximo tiempo que se dispone para generar cada símbolo.

Como la fuente posee una determinada entropía $H(S)$ se define como el flujo de información por unidad de tiempo, tasa en bits ó tasa de información a:

$$R = m. \ H(S) \ \ bits/seg \qquad \textbf{tasa de información, o flujo de información}$$

Otra forma de decirlo es:

$$R = \frac{H}{\overline{\tau}}: \qquad \textbf{velocidad de entropía o tasa de información o tasa en bits.}$$

$\overline{\tau}$ es la duración promedio del símbolo $\left[{}^{seg}/_{simbolo} \right]$. y su inversa constituye la velocidad de modulación.

Si hacemos un muestreo ideal, con un tiempo uniforme igual a $\overline{\tau} = T_s$ (tiempo de sampling); será:

$$\frac{1}{\overline{\tau}} = f_s \qquad \textbf{frecuencia de muestreo}$$

(se suele denominar **tasa de Nyquist** a muestreo "justo") y la tasa de información sería: $R = H.f_s$

Ejemplo 6

Una fuente de datos tiene 8 símbolos equiprobables que se emiten en bloques de 3 a una velocidad de 1000 bloques por segundo. El primer símbolo del bloque es siempre el mismo (sincronismo). Los dos restantes se llenan con cualquiera de los ocho restantes símbolos con igual probabilidad. Calcular R.

Solución:

Elijo S_l como el primero. Las distintas probabilidades que tengo, es combinando de a dos, es decir $8^2 = 64$.

Tengo 64 bloques equiprobables.

$$H_{block} = \left(\tfrac{1}{64} * \log_2 64\right) * 64 = \log_2 64 = 6 \, {}^{bits}/_{block}$$

$$\sigma_{block} = \frac{1}{1000} \, \tfrac{seg}{block}$$

$$R = \frac{H_{block}}{\sigma_{block}} = 6000 \, \tfrac{bits}{seg}$$

1.5.1. Diferencia entre Bit y Binit

Nosotros definimos bit como una unidad que mide la información.

Ahora bien, en un lenguaje {0,1} donde pueden ser señales: 1 ó 0 ; ambas de duración τ, pulsos éstos que se denominan binit.

Para nosotros un pulso binario es un binit, si fuese una fuente binaria equiprobable la aparición del 0 o del 1 lo hacen con probabilidad de 0,5 asociándoles una información de un bit por ello en la práctica, donde se trata de fuentes y canales binarios se confunden bit con binit.

Ejemplo 7

Calcular la tasa de información (velocidad de información por promedio de información) de una fuente telegráfica teniendo las probabilidades de:

$$P_{punto} = 2/3 ; \qquad P_{raya} = 1/3 ;$$

y duración de los pulsos:

$$\sigma_{punto} = 0.2 \, seg. \; ; \qquad \sigma_{raya} = 0.4 \, seg$$

Nota: como veremos, flujo de información es la información por unidad de tiempo y la velocidad de generación de símbolos es la cantidad de símbolos promedio en la unidad de tiempo, si cada símbolo dura σ segundo la velocidad de generación es de $1/\sigma$ símbolos por segundo, la cantidad de información por unidad de tiempo o flujo de información se lo denomina **tasa en bits,** el término "tasa" es interpretado como relación, así la velocidad de generación es una tasa de generación.

Solución:

Entropía o sea información promedio

$$H = 2/3 \lg_2 3/2 + 1/3 \lg_2 3 = 0.92 \; ^{bits}/_{simbolo}$$

Velocidad promedio de generación de los símbolos.

$$\overline{\sigma} = \sum P_j \sigma_j = 2/3 \times 0.2 + 1/3 \times 0.4 = 0.267 seg.$$

Tasa de Información o Flujo de Información

$$R = H / \overline{\sigma} = 0.92 / 0.267 = 3.44 \; ^{bits}/_{seg} .$$

Ejemplo 8

Una fuente produce 5 símbolos con probabilidades 1/2 ; 1/4; 1/8; 1/16 y 1/16.

Calcular *H(s)*.

Solución

H(s) = 1/2 +1/2 + 3/8 + 1/2 bits/símb.

Ejemplo 9

Una fuente tiene 8 símbolos equiprobables y emite en block de tres en tres con una tas de 1000 bloques por segundo. Si el primer símbolo de cada block es siempre el mismo (sincronismo) y los dos restantes pueden ser cualquiera de los 8 símbolos de la fuente, calcular la tasa en bits *R*.

Solución

N^o de posibilidades es de $8^2 = q$ (Combinaciones de 8 símbolos tomados de dos en dos con reposición)

H(block) = log q = 6 bits/block

tblock = 1/1000 seg/block

R = H(block)/tblock = 6000 bits/seg

Si el sincronismo se hubiese enviado por otro canal (modo común), se puede aprovechar este espacio y enviar un promedio de información de

$$8^3 = q \; ; \qquad H(s) = 3 \log 8 = 9 \; bits/block$$

lo que significa una tasa de $R = 9000 \; bits/seg$ con los mismos "baudios" del caso anterior ya que la velocidad de señalización o baudios es de $D = 3000 \; baudios$

Ejemplo 10

Se envía un mensaje usando cinco pulsos de igual duración. El primer pulso es restringido a dos niveles mientras que los otros a cuatro puede tomar cualquier nivel entre +4 y - 4 volt incluido el cero distanciados 1 volt.

a) Cuantos mensajes se pueden enviar en grupos simples de 5 pulsos?

b) Si el mensaje se transmite como una secuencia de pulsos binarios Cuantos binits serán necesarios?

c) Calcular la relación de ancho de banda si se considera que el intervalo total del tren de pulsos de a) y b) son iguales.

Solución

Solo pueden ser +1 o -1; dos niveles.

s1, s2, s3, s4

pueden ser de

-4; -3; -2; -1; 0; 1; 2; 3; 4

o sea de 9 niveles.

estos pueden combinarse con reposición obteniendo $9^4 = 6561$ elementos o palabra de longitud cuatro.

Como el primer pulso solo puede tomar dos niveles es de 2 los elementos posibles.

Luego el número total de señales distintas de longitud cinco son:

$$N = 2x6561 = 13.122 \; mensajes$$

b)

$$2^m = 13.122 \; al \; ser \; binario \; y \; surge \; m = \log 13122/\log 2 = 13,679...$$

se adopta

$$m = 14 \; binits$$

c)

$$R = 14/\tau \qquad bits/seg$$

$$D = 5/\tau \qquad \text{pues posee cinco señales distintas de duración } \tau$$

como $B = D/2$ se concluye que es $14/5 = 2,8$ veces mayor el ancho de banda si se usaran dos niveles equiprobables.

Ejemplo 11

Si fuese una pantalla de TV de 625 líneas y 500 puntos por línea con 128 niveles de brillo equiprobables por punto. Se transmiten 25 imágenes por segundo, cuanto vale R?

Solución

$$N^o \ de \ elementos = 128^{500x625} = 128^{312.500}$$

$$H(s) = I(s) \ max = 312500 \ log \ 128 = 2,1875 \ M \ bits.$$

$$R = H(s) \ / \ (1/25) = 54,6875 \ Mbits/seg$$

Ejemplo 12

Se envía un mensaje usando 5 puntos cada uno con una duración de 1 ms y dos niveles de tensión que resultan equiprobables.

La cantidad de mensajes diferentes es de $2^5 = 32$ mensajes y la tasa en bits es

$$R = 1bits/1mseg = 1000 \ bits/seg.$$

La velocidad de señalización es de $D = R = 1000$ baudios.

Si ahora se toman pulsos con cuatro niveles posibles y la misma duración anterior de 1 mseg. Cada uno de los pulsos originales deben durar 1/2 mseg, lo que supone de 1 mseg a duración de estos nuevos pulsos de nivel 4; la cantidad de mensajes es $4^5 = 1024$ diferentes y la tasa en bits es

$$R = 2 \ bits/1mseg = 2000 \ bits/seg$$

y la tasa en baudios es

$$D = R/1 = R/2 = 1000 \ baudios.$$

Sea entonces con 1000 baudios se pueden transmitir 1000 bits/seg o 2000 bits/seg, cual es el costo de esta ventaja?

El costo es justamente el nivel de tensión que se dispone, en el primer caso se dispone digamos de V voltios para distanciar el 0 del 1, en el segundo caso hay que tomar el cero y tres niveles mas, o sea V/k-1 es la distancia entre símbolos si k es el número de niveles.

Así si se dispone de V=3 voltios para distanciarlos dos niveles, en el caso de multiniveles será de 0, 1, 2 y 3 voltios, con salto de V/3 voltios.

Conclusiones

Si se quiere transmitir pulsos de k niveles de tensión equiprobables por un canal telefónico se debe tener en cuenta: La velocidad en baudios de la cual depende el ancho de banda.

Para un canal telefónico la velocidad de señal típica es de 2400 baudios pero la cantidad de bits por segundos que se trasnmiten depende de los niveles:

k = número de niveles	bits por baudio	bits/seg
2	1	2400
4	2	4800
8	3	7200
16	4	9600

Ejemplo 13

Se transmiten trenes o bloques de cuatro pulsos cada uno, teniendo cada pulso una duración de 1 ms.

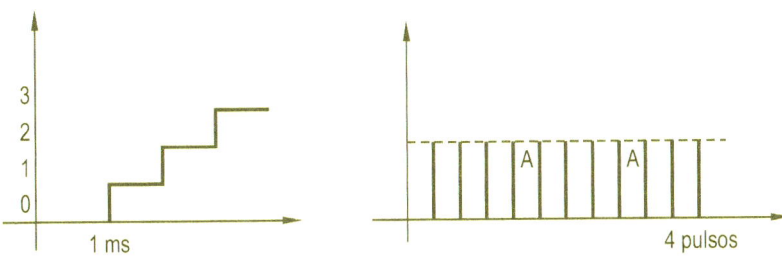

Figura 1-34

Los pulsos pueden tomar cualquier nivel equiprobable de 0,1,2,ó 3 volts, excepto el primer pulso que siempre toma el nivel 1.

Calcular R y D

Solución:

Cantidad posible de señales : $4^3 = 64$ *pulsos distintos*

$H(s) = I(s)max = 3 \log 4 = 6$ *bits/pulso*

$R = 6/3\ ms = 2000$ *bits/seg*

$D = 6/4\ ms = 1500$ *baudios*

Ejemplo 14

Se transmiten pulsos binarios de 1 ms de duración, los cuales pueden tomar los niveles 1, 2, 3, 4, volts con probabilidad: $\frac{1}{2}\,\frac{1}{4}\,\frac{1}{8}\,\frac{1}{8}$. Calcular H y R.

Solución

$$H = \sum_{i=1}^{1} P_i I_i = 1{,}75\,bits/simbolo \qquad\qquad R = \frac{H}{\sigma}1750\,bits/seg$$

Ejemplo 15

El tren de pulsos posee la siguiente caracterización para su transmisión

Nivel	Probabilidad	Código
1	$\dfrac{1}{2}$	00
2	$\dfrac{1}{4}$	01
3	$\dfrac{1}{8}$	10
4	$\dfrac{1}{8}$	11

a) ¿Cuál es la duración de un binit a la salida del codificador?

b) ¿ Calcular cuántos binit por bit (inform). Se necesita para la Tx?

c) Calcular la probabilidad de aparición de un 0 o un 1 a la salida del codificador.

d) Son equiprobables los dígitos binarios? Los símbolos binarios son estadísticamente independientes a la salida del codificador ?

e) Se eligió codificación adecuada?

Solución:

a) Al codificar cada nivel de cuantificación con 2 binit implica que deberá durar 0,5 ms $\Rightarrow 2000$ pulsos por segundo.

b) $\dfrac{2000}{1750} = 1{,}142\,binit/bit$

c) Dos ceros

$$00 \qquad con \qquad \frac{1}{2} \qquad de\ P\,(00)$$

01	"	$\dfrac{1}{4}$
10	"	$\dfrac{1}{8}$
11	"	$\dfrac{1}{8}$

Una secuencia de 8 símbolos seá:

11 10 01 01 00 00 00 00

Observando vemos que:

$P(0) = N(0)/N = 11/16$

$P(1) = N(1)/N = 5/16$

d) Calculando un nuevo R si el 0 y el 1 duran .5 ms la entropía será:

$H(s) = (11/16) \log (16/11) + (5/16) \log (16/5) = 0,896$ *bits/simb.*

$R = H(s)/.5ms = 1792$ *bits/seg*

Porqué difiere de 1790 bits/seg ? calculados anteriormente.

Se explica que es porque la ecuación de la entropía parte de la premisa que los símbolos son estadísticamente independientes y en este caso no lo son.

e) Un código mas eficiente es:

Nivel	Probabilidad	Código
1	$\dfrac{1}{2}$	0
2	$\dfrac{1}{4}$	10
3	$\dfrac{1}{8}$	110
4	$\dfrac{1}{8}$	111

Posee menor longitud media L que el anterior.

1.6. Codificación

Con la codificación se consigue la representación digital normalizada de la información, necesaria en todas las operaciones de proceso, transmisión y almacenamiento de datos.

La acción del codificador consiste en transformar cada símbolo de la fuente en otro de un grupo de símbolos pertenecientes a un conjunto llamado alfabeto código, adaptando la estructura de los símbolos a la característica del canal. A este grupo se llama **palabra código.**

Al número de símbolos de cada palabra código se le denomina **longitud** de dicha palabra.

Por ejemplo la fuente $S= \{a, b, c, ...\}$ es codificada binariamente por el lenguaje

$X=\{0,1\}$.

SÍMBOLO FUENTE ⊱ CODIFICACIÓN ⊱ PALABRA CÓDIGO

Ejemplo 16

Se transmiten pulsos de 1 ms. de duración y pueden tomar los niveles indicados.

Nivel	Símbolo	Un código binario puede ser
1 Volt	a1	0
2 Volt	a2	10
3 Volt	a3	110
4 Volt	a4	111

con longitud de palabras 1, 2 y 3 respectivamente.

La definición anterior de código es demasiado general para presentar interés al tratar síntesis de código. Por tal motivo limitaremos nuestra atención a aquellos códigos que posean ciertas propiedades.

1.6.1. Código Bloque

Es aquel que asigna cada uno de los símbolos del alfabeto fuente *(S)*, una secuencia fija, siempre la misma de símbolos del alfabeto código *(X)*.

Por ejemplo:

$s_1 \rightarrow 0 ;$ $\quad s_2 \rightarrow 1 ;$ $\quad s_3 \rightarrow 01 ;$ $\quad s_4 \rightarrow 10 ;$

siempre el mismo para cada uno, se aparece la secuencia 0101110, se le puede asignar $s_1, s_2; s_3; s_4$ aunque pudiera ser otra.

Un código no bloque se suele emplear en sistemas donde la codificación no es directa, no le corresponde a cada símbolo fuente la misma asignación según la probabilidad que van apareciendo En algunos casos se usa en criptografía haciendo variar los bloques en forma aleatoria.

Dentro de los códigos bloques se puede definir:

1.6.2. Código Bloque no singular

Hasta el momento a cada símbolo se le hace corresponder una secuencia del alfabeto código pero no se ha impuesto ninguna condición, se puede hacer un código como el siguiente:

$$m_1 \rightarrow 00 \qquad m_2 \rightarrow 01 \qquad m_3 \rightarrow 10 \qquad m_4 \rightarrow 10$$

No existe contraindicación para hacer esto. Desde luego para decodificar cuando aparezca 10 no sabremos de que se trata, es un código singular.

Un código bloque se denomina no singular, si todas sus palabras son distintas.

Ejemplo 17

$$m_1 \rightarrow 0 \qquad m_2 \rightarrow 1 \qquad m_3 \rightarrow 10 \qquad m_4 \rightarrow 01$$

Si codificamos, m_1; m_1 m_3 ; m_3 nos daría: 001010, cuando se quiere decodificar se plantean dudas de lo que se ha transmitido, podría ser: m_1; m_4; m_1; m_3 , se tienen que definir entonces códigos unívocamente decodificables o unívocos.

1.6.3. Códigos de Codificación Única (descifrables).

(código bloque unívocamente decodificables)

Ejemplo 18

$$m_1 \rightarrow 1 \qquad m_2 \rightarrow 10 \qquad m_3 \rightarrow 100 \qquad m_4 \rightarrow 1000$$

Este código es evidentemente unívoco, cuando aparece un uno se comienza a decodificar.

Este otro código:

$$m_1 \rightarrow 00 \qquad m_2 \rightarrow 10 \qquad m_3 \rightarrow 01 \qquad m_4 \rightarrow 11$$

también es unívoco pues conociendo el comienzo de la codificación, se puede dividir por dos y no hay problema en la decodificación.

Un código bloque se dice unívocamente decodificable si y solamente si, su extensión de orden n es no singular para cualquier valor finito de n.

1.6.4. Código Instantáneo

Ejemplo 19

Código A:

$$m_1 \rightarrow 1 \qquad m_2 \rightarrow 10 \qquad m_3 \rightarrow 100 \qquad m_4 \rightarrow 1000$$

Código B :

$$m_1 \rightarrow 0 \qquad m_2 \rightarrow 10 \qquad m_3 \rightarrow 110 \qquad m_4 \rightarrow 1110$$

La diferencia entre los códigos A y B es de velocidad, en el caso A se necesita que salga uno correspondiente al próximo símbolo para saber que terminó el anterior. En cambio en el caso B cuando aparece un cero se que terminó dicho símbolo, sin necesidad que empiece otro, por lo tanto no pongo a esperar al decodificador.

Un código unívocamente decodificable se denomina instantáneo, cuando es posible decodificar las palabras de una secuencia sin precisar el conocimiento de los símbolos que la suceden.

La condición necesaria y suficiente, es que ninguna palabra del código coincida con el prefijo de otra, por ejemplo:

a)
$$m_1 = 0 \ ; \ m_2 = 01$$
sean dos palabras código. El carácter de m_1 *es prefijo* de m_2.

b) la palabra código 0111 tiene cuatro prefijos y son:

0111; 011; 01; 0.

Un proceso de decodificación no instantáneo, requiere memoria para almacenar segmentos del mensaje antes de que se pueda interpretar correctamente.

Síntesis de propiedades

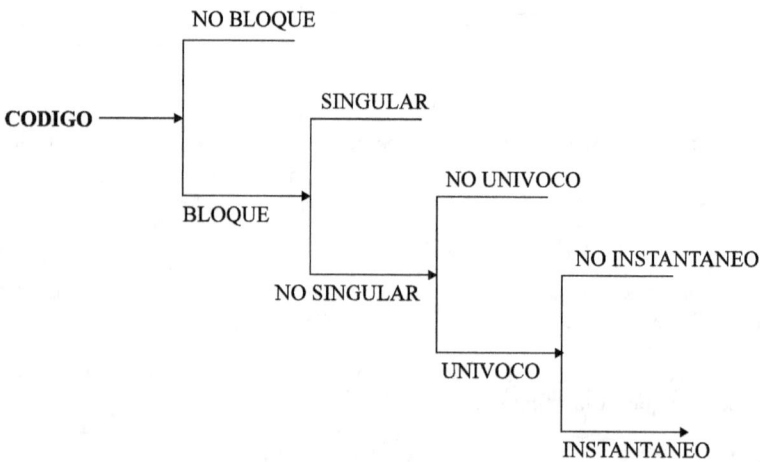

Figura 1-35

Ejemplo 20

Mensaje Fuente	C_A	C_B	C_D
m_1	11	11	11
m_2	100	100	011
m_3	101	010	0100
m_4	101	110	01010
m_5	111	011	01011

El código C_A es singular, pues $m_3 = m_4$.

Para el código C_B , un prefijo de m_4 coinciden con m_1, luego no es instantáneo.

Para el código C_D, se observa que si cumple la condición de ser instantáneo (a costa de un aumento en la longitud de palabras código).

1.6.5. Arbol de Codificación

Es un gráfico que permite visualizar la estructura de un código.

Por ejemplo:

$m_1 \rightarrow 00$ $m_2 \rightarrow 01$ $m_3 \rightarrow 10$ $m_4 \rightarrow 1$ $m_5 \rightarrow 111$

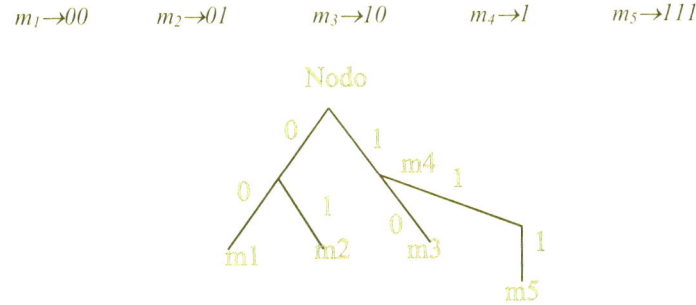

Figura 1-36

Se parte de un nodo y se toman tantas direcciones derivadas de este árbol como caracteres tiene el alfabeto o sea el número de derivaciones es *2*, en este caso $n=2$, es decir tenemos dos derivaciones que corresponden a un 0 y al 1. El gráfico visualiza el código, mostrando la característica topología permitiendo identificar si es instantáneo el código, ya que en una rama no puede haber mas de un símbolo para que sea instantáneo, en la figura se muestra el m_4 , prefijo del m_5.

Un código es instantáneo si solo si todas las palabras del código son terminales del árbol de codificación.

Por ejemplo:

$m_1 \rightarrow 0$ $m_2 \rightarrow 1$ $m_3 \rightarrow 20$ $m_4 \rightarrow 21$ $m_5 \rightarrow 22$

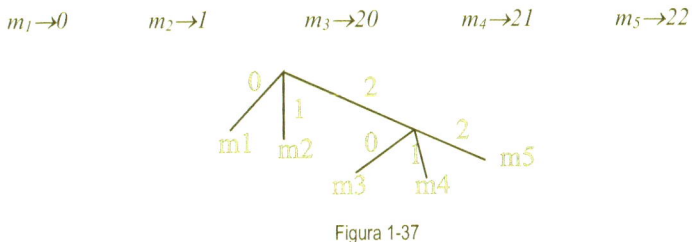

Figura 1-37

1.6.6. Síntesis de un código instantáneo

Fuente de cinco símbolos

1)

$$X_1 \to 0$$

Todos los demás empiezan con 1. Caso contrario tenemos prefijo.

$$X_2 \to 10$$

Empiezan con 1, si fuese 1 solo, no quedaría ningún símbolo con que pudieran codificarse los tres restantes, se opta el 10. Esto exige que los demás empiecen con 11.

$$X_3 \to 110$$

El único prefijo sin usar es 111.

$$X_4 \to 1110$$

$$X_5 \to 1111$$

2) Si elegimos para

$$X_1 \to 00$$

$$X_2 \to 01$$

Me quedan dos prefijos que podemos utilizar,

$$X_3 \to 10$$

$$X_4 \to 110$$

$$X_5 \to 111$$

Cuál de los dos ejemplos es mejor?

Con los conceptos hasta ahora analizados, no lo podemos determinar. Pero podemos observar que si empezamos con palabras cortas implica que las últimas deben ser más largas.

1.6.7. Inecuación de Kraft

La condición necesaria y suficiente que deben cumplir las longitudes para la existencia de un código instantáneo es que:

$$\sum_{i=1}^{q} r^{-l_i} \leq 1$$

donde l_i es la longitud de caracteres de la palabra i y r es el número de símbolos diferentes que constituyen el alfabeto código. Si se cumple esta desigualdad hay un código instantáneo que satisface la estructura planteada pero esta inecuación no dice nada de como lograrlo.

Ejemplo 21

Supuesto $r = 2$ y $X=\{0,1\}$. Quiero saber si se puede construir un código que tenga

$$l_1=1 \quad ; \quad l_2 = 3 \quad ; \quad l_3 = 3 \quad ; \quad l_4 = 3$$

Aplicando la desiguladad se tiene:

$$\sum_{i=1}^{q} r^{-li} = 2^{-1} + 3.2^{-3} = 7/8 \prec 1$$

por lo tanto es posible construirlo. La desigualdad no dice nada del **como** hacerlo.

Supongamos que deseamos codificar la salida de una fuente decimal $S = \{0,1,2....9\}$ en un código binario instantáneo.

$$\sum_{i=1}^{9} 2^{-l_i} \leq 1$$

$$l_0 = 1; \quad l_1 = 2 \; y \; l_2 \; a \; l_9 =5$$

reemplazando en la inecuación de Kraft

$$\frac{1}{2} + \frac{1}{4} + 8(2^{-5}) \leq 1$$

esto nos dice podemos encontrar un código instantáneo. Propongo:

$$0 \to 0$$
$$1 \to 10$$
$$2 \to 11000$$
$$3 \to 11001$$
$$4 \to 11010$$
$$5 \to 11011$$
$$6 \to 11011$$
$$7 \to 11101$$
$$8 \to 11110$$
$$9 \to 11111$$

1.6.8. Longitud Media del Código

Se calcula el promedio estadístico que se denomina longitud media del código como:

$$L = \sum_{i=1}^{q} P(m_i) l_i \qquad \textbf{carácter/símbolo}$$

Ejemplo 22

Símbolo Frente	Probabilidad	$H(x) = \sum_{i=1}^{4} Pi \lg 1/Pi$
x_1	$\dfrac{1}{2}$	$= 1/2\lg 2 + 1/4\lg 4 + 2(1/8\lg 8) =$
x_2	$\dfrac{1}{4}$	
x_3	$\dfrac{1}{8}$	$= 1\ ¼$ bits/símbolo
x_4	$\dfrac{1}{8}$	

La menor longitud medida que se podrá obtener en un código instantáneo es 1 ¼ binit por símbolo.

Aplicamos

$$log\ (1/Pi)\ ; \qquad r = 2$$

$\lg 2 = 1 = l_1$

$\lg 4 = 2 = l_2 \qquad$ Adoptamos

$\lg 8 = 3 = l_3 = l_4$

x_1	00
x_2	10
x_3	110
x_4	111

Como comprobación

$$\bar{n} = \sum_{i=1}^{4} Pi \quad li = ½1 + ¼2 + ⅛3 + ⅛3 = 7/4 = 1,75 \text{ binits/símbolo}$$

1.7. Códigos Compactos

Si la longitud media mínima que puede tener un código es L^* para una determinada fuente, todo código que tenga una longitud media igual a L^* es un código compacto.

1.7.1. Entropía y Longitud Media – Teorema de Shannon

Demostraremos una relación importante en el análisis de códigos y es :

$$L \geq H_r(S) = H(S)/log\ r$$

Sea la longitud media escrita como

$$L = \sum_{i=1}^{q} P(m_i).l_i = \sum_{i=1}^{q} P(m_i).\log \frac{1}{r^{-li}}$$

Para que el código pueda ser posible debe cumplirse la desigualdad de Kraft: $\sum_{i=1}^{q} r^{-li} \leq 1$

$$L = \sum_{i=1}^{q} P(m_i).l_i \geq \sum_{i=1}^{q} P(m_i).\log \frac{\sum_{i=1}^{q} r^{-li}}{r^{-li}}$$

Aprovechando la desigualdad fundamental de los logaritmos naturales que dice que:

Ln x ≤x-1 :

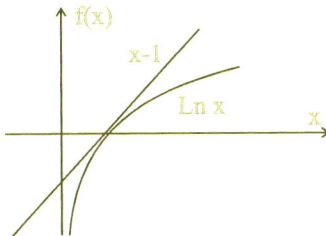

Figura 1-38

y si ahora consideramos dos variables probabilisticas tales que

$$\sum_{i=1}^{q} x_i = 1 \quad ; \quad \sum_{i=1}^{q} y_i = 1$$

sabiendo que $Ln\ x = \dfrac{\log_r x}{\log_r e}$ resulta:

$$x.log_r\ x \leq (x-1)\ log_r\ e$$

si reemplazamos x por x_i/y_i y multiplicamos ambos miembros por x_i que es siempre mayor o igual a cero, manteniendo la desigualdad:

$$x_i.\log_r \frac{y_i}{x_i} \leq x_i(\frac{y_i}{x_i} - 1).\log_r\ e$$

realizando una suma extendida a los q símbolos resulta:

$$\sum_{i=1}^{q} x_i.\log_r \frac{y_i}{x_i} \le \sum_{i=1}^{q} x_i(\frac{y_i}{x_i} - 1).\log_r e$$

Por ser variables probabilísticas, el término de la derecha es nulo, resultando:

$$\sum_{i=1}^{q} x_i.\log_r \frac{y_i}{x_i} \le 0$$

y acomodando esta interesante expresión resulta:

$$\sum_{i=1}^{q} x_i.\log_r \frac{1}{x_i} \le \sum_{i=1}^{q} x_i \log_r \frac{1}{y_i}$$

Si ahora denominamos a $x_i = P(m_i)$ que su suma es uno, a $y_i = \dfrac{\sum_{i=1}^{q} r^{-li}}{r^{-li}}$ cuya suma también es uno resulta que:

$$\sum_{i=1}^{q} P(m_i)\log_r \frac{1}{P(m_i)} \le \sum_{i=1}^{q} P(m_i)\log_r \frac{\sum_{i=1}^{q} r^{-li}}{r^{-li}} \le L$$

Luego:

$$L \ge H_r(S) = H(S)/\log r$$

En qué condiciones se cumple la igualdad?   la entropía en unidades r-arias es igual a la longitud media. Será $log_r (1/P(m_i) = l_i$, y esto exige que $P(m_i) = r^{-a}$ con a número "entero" , cosa que no es muy probable, en general a es un real cualquiera, $log_r (1/P(m_i) \le l_i$

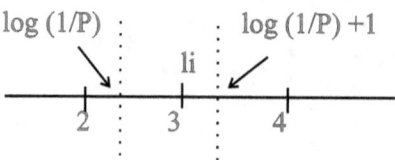

Figura 1-39

se puede asegurar que:

$$\log_r \frac{1}{P(m_i)} \le l_i \le \log_r \frac{1}{P(m_i)} + 1$$

sumando previo producto por $P(m_i)$ resulta:

$$H_r(S) \le L \le H_r(S) + 1$$

Si ahora se toma la enésima extensión de la fuente y recordando que $H(S^n) = n.H(S)$ se cumple que si L_n es la longitud media de la codificación extendida:

$$H_r(S) \leq L_n/n \leq H_r(S) + 1/n$$

Si se toma la extensión más alta haciendo $n \rightarrow \infty$, L_n/n queda acotada entre dos valores iguales, queda encajada, luego :

$$\lim_{n \rightarrow \infty} \frac{L_n}{n} = H_r(S)$$

Que constituye el primer teorema de Shannon: al tomar extensiones cada vez mayores se llega a que la longitud media alcance el mínimo posible, en cuanto el código es de mayor extensión puede hacerse de mayor rendimiento.

El precio que se paga, es un aumento de la complejidad de la codificación debido al gran número de símbolos de la fuente que hay que manejar.

Nos dice que el número medio de símbolos binarios correspondientes a un símbolo de la fuente puede hacerse tan próximo como se quiera a la entropía de la fuente en bits, pero nunca inferior a la misma.

1.8. Eficiencia de un Código

Se denomina *eficiencia de un código*, a la relación existente entre el número de bits de información respecto al total de bits transmitidos.

$$E = \eta = \frac{H_r(S)}{L}$$

información promedio por símbolo fuente (en unidades r-arias) / longitud media por símbolo.

Como

$$L \leq H_r(S) \Rightarrow \eta = 1 \qquad cuando \quad L = H_r(S)$$

1.8.1. Eficiencia de fuente

No confundir con eficiencia del código.

$$\theta = \frac{H(S)}{Hmax(S)} \Leftrightarrow \text{será uno}$$

cuando las probabilidades de los símbolos son iguales

1.8.2. Redundancia de un código o lenguaje

Se denomina redundancia de un código a la información superflua para interpretar el significado de los datos originales

$$R = 1 - \eta = \frac{L - H_r(S)}{L}$$

Para aumentar la eficiencia se tiene que codificar con longitudes medias cada vez más cortas, el límite es la entropía de la fuente en la base *r*.

Ejemplo 23

Una fuente discreta produce los símbolos A y B con una *P(A)* = ¾ *P(B)* = ¼ a una velocidad de 100 símbolos por segundo. En un intento de acoplar la fuente a un canal binario sin ruido, los símbolos se agrupan en bloques de a dos y se codifica como sigue:

AA	1
AB	01
BA	001
BB	000

1) Demostrar que este código es razonablemente eficiente.

2) Es óptimo?

3) Calcular R antes de la codificación.

   Solución:

Calculo de *H(x)*, antes de la codificación

$$H(x) = \tfrac{3}{4}\log 4 / 3 + \tfrac{1}{4}\log 4 = 0.81 \text{ bits/sim.}$$

Tomando la segunda extensión y por el teorema de Shannon

Después de acomodarse posee una

$$H(S) = 2\,H(X)$$

pues es la 2da extensión, luego

$$H(S) = 2.0,81 = 1,62 \ bits/simb.$$

$$La\ H(S)mx = log\ q = log\ 4 = 2\ bits/simb.$$

La eficiencia de la fuente es $1{,}62/2 = 0{,}81$

Probabilidades de la fuente extendida:

Símbolo	$P(\sigma\ell)$
AA	$\dfrac{3}{4}*\dfrac{3}{4}=\dfrac{9}{16}$
AB	$\dfrac{3}{4}*\dfrac{1}{4}=\dfrac{3}{16}$
BA	$\dfrac{1}{4}*\dfrac{3}{4}=\dfrac{3}{16}$
BB	$\dfrac{1}{4}*\dfrac{1}{4}=\dfrac{1}{16}$

Longitud media

$$L = \sum_{i=1}^{4} P(\sigma_i).l_i = \frac{9}{16} + 2.\frac{3}{16} + 3.\frac{3}{16} + 3.\frac{1}{16} = 1{,}686$$

Eficiencia: $\dfrac{1{,}62}{1{,}686} = 96\%$

2) Cumple la inecuación de Kraft :

$$\sum_{i=1}^{4} r^{-li} \leq 1$$
$$2^{-1} + 2^{-2} + 2^{-3} + 2^{-3} = 1$$

3) Como la duración es de 0.01 seg/símbolo $[T(r)]$

$$R = \frac{H(x)}{T(r)} = \frac{0.81}{0.01} = 81 \ \frac{[bits\,/\,simb.]}{seg\,/\,simb}$$

1.9. Códigos de Huffman

En este apartado se establece un procedimiento para generar un código compacto en un primer caso de alfabeto binario y luego lo extenderemos a alfabetos r-arios.

Consideremos una fuente

$$X = \{x_1, x_2, \ldots\ldots\ldots x_m\}$$

y las probabilidades P_1, P_2,.......P_m

Supongamos los símbolos ordenados de tal forma que

$$P_1 \geq P_2 \geq .... \geq P_m$$

Si combinamos los dos últimos símbolos x_{m-1} y x_m en uno solo $x_{(m-1)m}$ de probabilidad $P_{m-1}+P_m$, se puede construir un código óptimo C′ instantáneo para sus $m-1$ símbolo. La denominaremos fuente reducida de X.

Cabe destacar que las palabras correspondientes a x_{m-1}, se deduce de la correspondiente a x_m agregando un 0 y un 1, se avanza digamos, de atrás hacia adelante.

Como para dos símbolos un código óptimo está formado de las dos palabras código 0 y 1, se puede entonces, por aproximaciones sucesivas, construir un código óptimo para un número cualquiera de símbolos.

Ejemplo 24

FUENTE ORIGINAL

FUENTES REDUCIDAS

Símbolo	Prob.	Código	S1	S2	S3	S4
X1	0.4	1	(0.4) 1	(0.4) 1	(0.4) 1 (0.6) 0	
X2	0.3	00	(0.3) 00	(0.3) 00	(0.3) 00	(0.4) 1
X3	0.1	0100	(0.1) 011	(0.2) 010	(0.3) 01	
X4	0.1	0101	(0.1) 0100	(0.1) 011		
X5	0.06	0110	(0.1) 0101			
X6	0.04	0111				

se pasa de *S4* a *X* componiendo las secuencias fuentes reducidas.

Al hacer una palabra del código primitivo dio lugar a dos palabras del nuevo código.

Cómo se hace?

1) Primero se ordenan los símbolos con las probabilidades en orden decreciente.

2) Se unen los dos últimos símbolos convirtiéndolos en uno solo cuya probabilidad es la suma de ambas y se vuelve a ordenar en forma decreciente de probabilidades.

3) Se repite el procedimiento de unificación hasta llegar a una fuente de dos símbolos.

4) Se codifica la última fuente binaria con un cero y un uno, es decir se le asigna un 0 o un 1 arbitrariamente.

5) Se codifica las etapas precedentes agregando un 0 o un 1 al símbolo desdoblado (arbitrariamente)

Ejemplo 25

Símbolo	Prob.	Código	S1		S2		S3		S4	
m1	0.4	1	(0.4)	1	(0.4)	1	(0.4)	1	*(0.6)	0
m2	0.3	00	(0.3)	00	(0.3)	00	(0.3)	00	(0.4)	1
m3	0.1	0100	(0.1)	011	*(0.2)	010	*(0.3)	01		
m4	0.1	0101	(0.1)	0100	(0.1)	011				
m5	0.06	0110	*(0.1)	0101						
m6	0.04	0111								

1.9.1. Códigos de Huffman de cualquier base

Cuando se desea formar un código compacto r-ario se deberán combinar r símbolos de manera que constituyen uno solo de la fuente reducida.

Aparece un inconveniente, en binario, cada fuente reducida viene de una secuencia que contenía un símbolo menos que la anterior. En el caso r-ario, para combinar *r* símbolos en uno solo, cada fuente reducida tendrá *r-1* símbolos menos que la anterior, siendo de esperar que la última de las secuencias tenga exactamente r símbolos.

Siendo *r* el número de símbolos finales y a el número de pasos de reducción de *(r-1)* elementos, si el número *q* de símbolos debemos disponer de $N = r+a(r-1)$ símbolos con a entero que corresponde a cada paso de codificación.

Por lo tanto si la fuente original no tiene este número de símbolos debemos agregar un número suficiente para alcanzarlo y a esto le asignamos probabilidad igual a cero. De modo que puedan ser ignorados una vez que el código haya sido construido.

Ejemplo 26

Consideremos una fuente de *q=11* símbolo. Se desea forma una secuencia de fuentes reducidas antes de codificar la fuente en un código cuaternario.

Si la última secuencia la fuente ha de tener 4 ; $X= \{0,1,2,3\}$ alfabeto código, la fuente *S* de q símbolos deberá tener $N= 4 + \alpha3$. Si $\alpha = 3$ $\Rightarrow$ $4 + 3*3 = 13$ símbolos

Puesto que 11 no es de la forma anterior añadimos dos falsos símbolos llamados fantasmas, con probabilidad cero.

SÍMBOLO	PROB.			
S1	0.22	0.22	0.23	0.40
S2	0.15	0.15	0.22	0.23
S3	0.12	0.12	0.15	0.22
S4	0.10	0.10	0.12	0.15
S5	0.10	0.10	0.10	
S6	0.08	0.08	0.10	
S7	0.06	0.07	0.08	
S8	0.05	0.06		
S9	0.05	0.05		
S10	0.04	0.05		
S11	0.03			
S12	0.00			
S13	0.00			

SÍMBOLO	Prob.								
M1	0.22	2	0.22		1	0.23		0.40	0
M2	0.15	3	0.15		2	0.22		0.23	1
M3	0.12	00	0.12		3	0.15		0.22	2
M4	0.10	01	0.10			0.12	00	0.15	3
M5	0.10	02	0.10			0.10	01		
M6	0.08	03	0.08			0.10	03		
M7	0.06	11	0.07	10		0.08	03		
M8	0.05	12	0.06	11					
M9	0.05	13	0.05	12					
M10	0.04	100	0.05	13					
M11	0.03	101							
M12	0.00	102							
M13	0.00	103							

Problemas

Si se muestrea en forma ideal a $x(t)=\cos 2\pi 100t + \cos 2\pi 220t$ con frecuencia de muestreo tal que $T_s=1/300 \ seg.$ y se pasa por un filtro pasabajos ideal con $W=2\pi 150 \ r/seg.$

Que componentes de frecuencia están a la salida?

Problema 2

La señal cuyo espectro es el de la figura se muestrea en forma ideal con $T_s= 1/20 \ seg.$ Bosqueje el espectro de la señal para $|f| \leq 40$.

Se puede recuperar a $x(t)$? Repita lo mismo con $T_s=1/80 \ seg.$

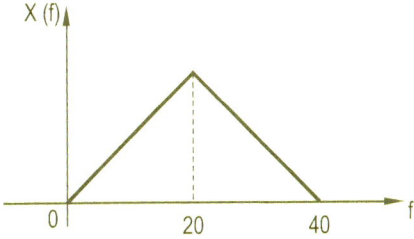

Problema 3

Sea $x(t)$ una señal pasabanda con ancho de banda W centrado en $\omega_o >>W$.

Bosquejando los espectros típicos, demuestre que se puede recuperar a $x(t)$ de la $x^*(t)$ cuando $\omega_s >2W$ aun cuando la frecuencia mas alta en $x(t)$ sea $\omega_o +W/2 >\omega_s/2$.

Problema 4

Se muestrea un pulso rectangular con duración de 2 y se reconstruye empleando un filtro pasabajos ideal con $W=\omega_s/2$. Bosqueje las formas de onda de la salida resultante cuando $T_s=0,8$ y $T_s= 0,4$. Suponga que un tiempo de muestra está en el centro del pulso.

Problema 5

Símbolo fuente	Código C	Código E
S_1	0	0
S_2	01	10
S_3	011	110
S_4	0111	1110

Determinar si son:

1) Código bloque.

2) No singular.

3) Unívocamente decodificable.

4) Que propiedad tiene el código E.

5) Puede considerarse instantáneo el código C.

Problema 6

Codificar una fuente de símbolos en un código trinario, de palabras de longitud 1,2,2,2,2,2,3,3,3,3.

Problema 7

Dada la fuente:

x	x1	x2	x3	x4	x5	x6	x7	x8
P(xi)	0,4	0,15	0,15	0,1	0,1	0,06	0,02	0,02

a) Encontrar un código de Huffman de alfabeto $A = \{0,1,2\}$

b) Calcular H(x)

c) Calcular la longitud media del código L

d) Calcular la eficiencia del código

Problema 8

Dado un alfabeto código ternario, demostrar si es posible o no diseñar un código instantáneo cuyas palabras-código en número de 10 sean de longitudes: 1, 2, 2, 2, 2, 2, 3, 3, 4, y 4 respectivamente.

Problema 9

Dada la fuente :

x	x1	x2	x3	x4	x5	x6	x7	x8
P(xi)	0,25	0,25	0,126	0,124	0,0625	0,0625	0,0625	0,0625

a) Encontrar un código de Huffman de alfabeto cuaternario $A = \{0,1,2,3\}$

b) Calcular H(x)

c) Calcular la longitud media L

d) Calcular la eficiencia del código

Problema 10

Investigar si el código $C = \{1,12,13,132,224,2313,233,3123,422\}$ es de descodificación única

2

Transformadas Aplicadas a SLIT de Tiempo Discreto

2.1. Análisis de la Respuesta Temporal

2.1.1. Definiciones

Se suelen definir los parámetros de un sistema mediante la respuesta al escalón, tiempo continuo1:
si la respuesta es

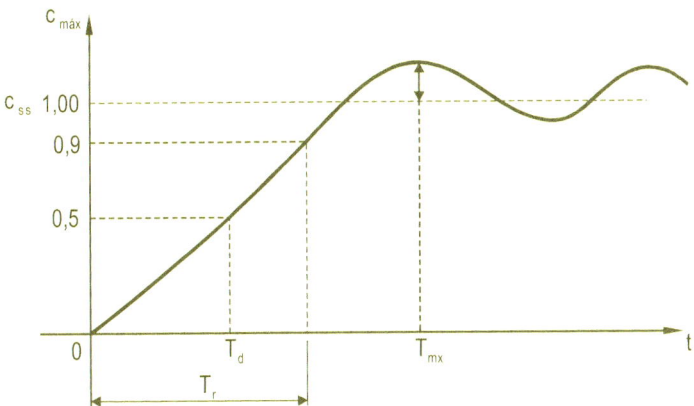

Figura 2-1

1) Máximo sobre impulso = $c_{mx} - c_{ss}$.   Donde c_{ss} es la salida de régimen.

2) Tiempo pico es el T_{mx} en que ocurre el c_{mx}

3) Máximo sobre impulso porcentual

$$Mi\% = \frac{Max.\, sobre\, impulso}{valor\, final\, de\, c(t)}\, 100 \;=\; \frac{c_{mx} - c_{ss}}{c_{ss}}.100$$

---

1. Ver Benjamín Kuo: "Control Digital"

4) Tiempo de retraso T_d es necesario para que la salida alcance el 50 % del régimen.

5) Tiempo de crecimiento T_r para que la salida aumente del 10 al 90% de su régimen.

6) Tiempo de establecimiento o de respuesta al 5%. t_a es el tiempo necesario para que la respuesta permanezca en una banda dentro del 5% del valor régimen c_{ss}.

En caso del muestreo ideal, puede diferir el $c*_{mx}$ al c_{mx} y en general, si el tiempo de muestreo T es grande puede ser muy distinto $c*(t)$ que el $c(t)$.

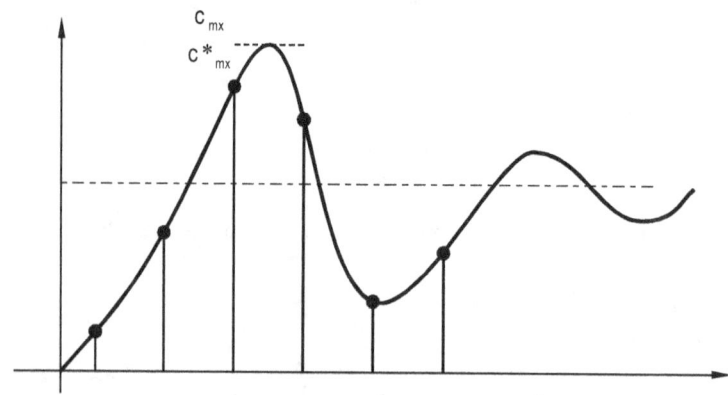

Figura 2-2

2.2. Análisis Mediante las Transformadas

2.2.1. Transformada z

Definición del transformada z

Consideremos $f_{(kT)}$, $k = 0, 1, 2, 3, \ldots$ se define la transformada z como

$$F_{(z)} = \sum_{k=0}^{\infty} f_{(kT)} z^{-k} \qquad o \qquad F_{(z)} = \sum_{k=0}^{\infty} f_{(k)} z^{-k}$$

Se trabaja con la transformada unilateral y en general se puede definir implicando el tiempo de muestreo T o tomada como secuencia o sucesión, al considerar la unidad temporal como T ya que éste debe ser constante, todo nuestro estudio es sobre muestreo en tiempo "uniforme".

2.2.2. Propiedades de la Transformada z

Las propiedades son tan importantes como la misma transformada, haremos un resumen de éstas ya que el tema fue tratado anteriormente en Teoría de Señales.

Linelidad

La transformada z es lineal

Si

$$x(k) = af(k) + bg(k) \qquad \text{entonces} \qquad X(z) = aF(z) + bG(z)$$

Multiplicación por a^k

Si $x(k) \rightarrow X(z)$

Entonces $a^k x(k) \rightarrow X(z/a)$

Corrimiento en el tiempo

Si $x(k)=0$ para $k<0$ entonces, con $n>0$ resulta:

$$x(k+n) \rightarrow z^n [X(z) - \sum_{k=0}^{n-1} x(k).z^{-k}]$$

$$x(k-n) \rightarrow z^{-n}.X(z)$$

Teorema del valor inicial

$$x(0) = \lim_{k \to 0} x(k) = \lim_{z \to \infty} X(z)$$

pues desarrollando:

$$X(z) = \sum_{k=0}^{\infty} x(k)z^{-k} = x(0) + z^{-1}x(1) + z^{-2}x(2) + \dots$$

al tomar limite para z$\rightarrow\infty$ resulta $x(0)$.

Teorema del Valor Final

$$x(\infty) = \lim_{k \to \infty} x(k) = \lim_{z \to 1}(1 - z^{-1})X(z)$$

Si $(1 - z^{-1})X(z)$ no posee polos sobre la frontera a fuera del circulo unitario (estable).

Pues, tomando la transformada de $x(n)$-$x(n$-$1)$ resulta:

$$X(z) - z^{-1}X(z) = \lim_{n \to \infty}[\sum_{k=0}^{n} x(k)z^{-k} - \sum_{k=0}^{n} x(k-1)z^{-k}]$$

la diferencia de las sumas es $x(n)$, luego si $z\rightarrow$1 resulta:

$$\lim_{n \to \infty} \lim_{z \to 1}[\sum_{k=0}^{n} x(k)z^{-k} - \sum_{k=0}^{n} x(k-1)z^{-k}] = \lim_{n \to \infty} x(n) = x(\infty)$$

se cumple el teorema.

2.3. Inversa de la Transformada z

$$x(k) = \frac{1}{2\pi j} \oint_\gamma X(z).z^{k-1} dz$$

γ debe encerrar todas la singularidad de *X(z)*.

Los métodos para obtener la inversa son varios y todos se usan en determinadas condiciones.

Una observación es que la transformada z determina una secuencia que especifica a *x(t)* solo el los valores de tiempo *t=0, T, 2T,...* y nada dice sobre otros tiempos.

El método mas directo es usar la tabla, sin embargo hay que acomodar la función para usarla, como es la expansión en fracciones simples.

Los métodos se resumen como:

1. División directa

2. Computacional

3. Expansión en fracciones simples

4. Integral de inversión

5. Integral de convolución

2.3.1. Métodos Computacionales

- El enfoque Matlab

- El enfoque de solución como Eed.

El enfoque Matlab es encontrar la respuesta de un SLIT cuya función de transferencia se presupone es la función en zeta *X(z)* y se suministra una entrada de $\delta(k)$, luego la salida es justamente *x(k)*.

Si:
```
N=40;
d=[1, zeros(1,N)];
nz=[ .. .. ..];
dz=[.. .. ..];
x=filter(nz,dz,d)
```

Esto permite obtener *x(k)* para *k=1* hasta *k=40*, el problema es que es devuelto como sucesión en forma extensa y para llegar a una expresión compacta hay que elaborar esta secuencia.

Se puede graficar a fin de estudiar la convergencia de la sucesión, con plot(k,x,´o´).

2.3.2. Método de la Integral de Inversión

Si

$$X(z) = \sum_{n=0}^{\infty} x(n)\, z^{-n}$$

entonces

$$x(n) = \sum_{\substack{para\ polos\ de \\ X(z)\cdot z^{n-1}}} \text{residuos de } X(z)\cdot z^{n-1}$$

donde

$$(\text{residuo}) = \frac{1}{(m-1)!}\ \frac{d^{m-1}}{dz^{m-1}}\left[(z-a)^m\, X(z)\, z^{n-1}\right]_{z=a}$$

Si fuese de multiplicidad $m = 1$ o sea simple:

$$(\text{residuo}) = (z-a)\, X(z)\, z^{n-1}\Big|_{z=a}$$

Este método se aplica para el cálculo de la anti-transformada unilateral derecha y se obtiene $x(n)\cdot u(n)$ para la unilateral izquierda, reemplazar $x(n)\,u(n)$ por $-x(n)\,u(-n-1)$

Por Ejemplo

Sea $X(z) = \dfrac{z}{(z-1)(z-2)}$

$$r_1 = (z-1)\, X(z)\, z^{n-1}\Big|_{z=1} = \frac{z^n}{z-2}\Big|_{z=1} = -1$$

$$r_2 = (z-2)\, X(z)\, z^{n-1}\Big|_{z=2} = \frac{z^n}{z-1}\Big|_{z=2} = 2^n$$

Luego

$$x(n) = [-1 + 2^n].u(n)$$

Otros métodos son:

2.3.3. Transformada z Inversa de Secuencia Finitas

Esto es usado cuando $X(z)$ corresponde a $x(n)$ de longitud finita y entonces posee forma polinomial que revela la secuencia $x(n)$

Por Ejemplo

Sea

$$X(z) = 3z^{-1} + 5z^{-3} + 2z^{-4}$$

entonces

$$x(n) = 3\,\delta(n-1) + 5\,\delta(n-3) + 2\,\delta(n-4)$$

o en forma extensiva para $n \geq 0$

$$x(n) = \{\underline{0},\ 3,\ 0,\ 5,\ 2\}$$

2.3.4. Por Medio de la División Larga

El método de división directa no nos llama la atención por ser muy "manual" su aplicación.

Se presenta a $X(z) = \dfrac{N(z)}{D(z)}$ y se realiza la división larga

Si es unilateral derecha, se colocan $N(z)$ y $D(z)$ en orden ascendente de potencias de z y se obtiene una serie de potencias decrecientes de z.

Si es unilateral izquierda se colocan $N(z)$ y $D(z)$ en orden descendente de potencias de z. Se obtiene una serie de potencias en orden ascendente de potencias de z.

Por Ejemplo

Sea

$$X(z) = \frac{z-4}{1-z+z^2} \qquad \text{si } x(n) = 0 \qquad n < 0$$

o sea la unilateral derecha.

$$
\begin{array}{l}
z - 4 \quad \underline{|z^2 - z + 1} \\
\quad\quad\ z^{-1} - 3z^{-2} - 4z^{-3}\ ...
\end{array}
$$

$$X(z) = z^{-1} - 3z^{-2} - 4z^{-3}\ ...$$

$$x(n) = \delta(n-1) - 3\,\delta(n-2) - 4\,\delta(n-3)\ ...$$

$$x(n) = \{0, 1, -3, -4, \ldots\}$$

Si buscamos la unilateral izquierda es

$$
\begin{array}{l}
-4 + z \quad \underline{|1 - z + z^2} \\
 -4 - 3z + z^2 \ldots
\end{array}
$$

$$X(z) = -4 - 3z + z^2 \ldots \qquad x(n) = -4\,\delta(n) - 3\,\delta(n+1) + \delta(n+2)$$

$$x(n) = \{\ldots, 1, -3, -4\}$$

Estos métodos no útiles para obtener normalmente y en forma rápida a $x(n)$, se pueden por supuesto realizar con computación, pero no se usan para hacerlo así, más bien se prefiere el de la integral de inversión.

2.3.5. Método de expansión en fracciones conocidas o simples

Sabiendo por la tabla que

$$\frac{z}{z-a} \longrightarrow a^n u(n)$$

$$\frac{z}{(z-a)^{N+1}}, \; N > 1 \longrightarrow \frac{n!}{(n-N)!\,N!}\,a^{n-N}.u(n)$$

Si:

$X(z)$	$x(n)$ (causal)
A	$A.\delta(n)$
$\dfrac{1}{1 - az^{-1}} = \dfrac{z}{z-a}$	a^n
$\dfrac{z^{-1}}{1 - az^{-1}} = \dfrac{1}{z-a}$	$a^{n-1} \quad n=0,1,2,\ldots$
$\dfrac{z^{-1}}{(1 - az^{-1})^2}$	$na^{n-1} \quad n=0,1,2,\ldots$

Si es anticausal (izquierda) la $x(n)$ se obtiene haciendo $-x(n)\cdot u(-n-1)$ a las causales.

Se puede expandir en fracciones conocidas, tomando la precaución de hacerlo sobre $\dfrac{X(z)}{z}$ y una vez desarrollada en la suma de fracciones simples, multiplicamos con z ambos miembros a fin de poder aplicar la tabla.

Si

$$X(z) = \frac{1}{\left(z - \frac{1}{4}\right)\left(z - \frac{1}{2}\right)}$$

$$\frac{X(z)}{z} = \frac{1}{z\left(z - \frac{1}{4}\right)\left(z - \frac{1}{2}\right)} = \frac{k_0}{z} + \frac{k_1}{z - \frac{1}{4}} + \frac{k_2}{z - \frac{1}{2}}$$

Estas constantes de la expansión también llamadas residuos, se obtienen con la sentencia : *residuez* del Matlab.

Luego

$$X(z) = k_0 + k_1 \frac{z}{z - \frac{1}{4}} + k_2 \frac{z}{z - \frac{1}{2}}$$

$$x(n) = k_0\, \delta(n) + k_1 \left(\frac{1}{4}\right)^n u(n) + k_2 \left(\frac{1}{2}\right)^n u(n)$$

si es unilateral derecha, *RDC*: $r > \frac{1}{2}$

$$x(n) = -k_0\, \delta(n) - k_1 \left(\frac{1}{4}\right)^n u(-n-1) - k_2 \left(\frac{1}{2}\right)^n u(-n-1)$$

unilateral izquierda, *RDC:* $r < \frac{1}{4}$

Otros métodos se pueden usar por medio de la transformada impulso, como veremos enseguida.

2.4. Operador Desplazamiento

Una forma de trabajar con las ecuaciones en diferencia es mediante un operador desplazamiento hacia delante se indica por q y es

$$q f_{(k)} = f_{(k+1)}$$

esto permite definir una:

2.4.1. Función de transferencia en q

Se puede entonces entender como la función de transferencia en q a las relaciones establecidas desde las ecuaciones en diferencia como:

Si

$$y(k+2) + a_1 y(k+1) + a_2 y(k) = b_1 x(k+1) + b_2 x(k)$$

De la forma:

$$q^2 y(k) + a_1 q y(k) + a_2 y(k) = b_1 q x(k) + b_2 x(k)$$

$$G(q) = \frac{y(k)}{x(k)} = \frac{b_1 q + b_2}{q^2 + a_1 q + a_2}$$

Observe que trabaja como si fuese dominio temporal, este tipo de transformaciones es usado especialmente en el trabajo de series temporales y en cuanto se obtiene la función de transferencia mediante métodos estadísticos matemáticos donde se acostumbra a trabajar con ecuaciones en diferencia presuponiendo siempre condiciones iniciales nulas.

Así trabajar los procesos ARMA, y los soft, que partiendo de una serie temporal de datos de salida de un sistema ante una entrada conocida permite determinar con precisión la función de transferencia.

En control propiamente dicho se usa pero se prefiere la transformada z.

También se lo puede realizar desde el modelo discreto:

$$x_{(k+1)} = G x_{(k)} + H u_{(k)}$$

al aplicar el operador q resulta

$$q x_{(k)} = G x_{(k)} + H u_{(k)}$$

y en de la salida

$$y_{(k)} = C x_{(k)} + D u_{(k)}$$

resulta

$$y_{(k)} = \left\{ C(qI - G)^{-1} H + D \right\} u_{(k)}$$

Lo que está entre llave se denomina a la función de transferencia discreta

$$H_{(q)} = C \left(q I - G \right)^{-1} H + D$$

Ejemplo 1

Se muestrea a tiempo $T = h$:

$$x_{(kh+h)} = \begin{pmatrix} 1 & h \\ 0 & 1 \end{pmatrix} x_{(kh)} + \begin{pmatrix} \dfrac{h^2}{2} \\ h \end{pmatrix} u_{(kh)}$$

$$y_{(kh+k)} = (1, \ 0) x_{(kh)}$$

El sistema corresponde a un integrador doble, la función de transferencia es:

$$H_{(q)} = (1, \ 0) \begin{pmatrix} q-1 & -h \\ 0 & q-1 \end{pmatrix}^{-1} \begin{pmatrix} \dfrac{h^2}{2} \\ h \end{pmatrix}$$

si consideramos $h = 1$ (o sea normalizamos los tiempos a unidades h) resulta

$$H_{(q)} = \frac{0{,}5(q+1)}{(q-1)^2}$$

Ejemplo 2

$$x_{(k+1)} = \begin{pmatrix} 0 & 1 \\ -a_2 & -a_1 \end{pmatrix} x_{(k)} + \begin{pmatrix} b_1 \\ b_2 \end{pmatrix} u_{(k)}$$

$$y_{(k)} = (1, \ 0) x_{(k)}$$

$$H_{(q)} = (1, \ 0) \begin{pmatrix} q & -1 \\ a_2 & q+a_1 \end{pmatrix}^{-1} \begin{pmatrix} b_1 \\ b_2 \end{pmatrix}$$

$$H_{(q)} = \frac{1}{q^2 + qa_1 + a_2} (1, \ 0) \begin{pmatrix} q+a_1 & 1 \\ -a_2 & q \end{pmatrix} \begin{pmatrix} b_1 \\ b_2 \end{pmatrix}$$

$$(q+a_1 \ \ 1) \begin{pmatrix} b_1 \\ b_2 \end{pmatrix}$$

$$b_1(q+a_1) + b_2$$

$$H_{(q)} = \frac{b_1 q + b_1 a_1 + b_2}{q^2 + qa_1 + a_2}$$

Los polos del sistema son los ceros del denominador de $H_{(q)}$ (que no anule al numerador) o sea las raíces de la ecuación característica.

El orden del sistema es la dimensión del espacio de estado que lo representa lo que equivale al número de polos del mismo. Para conocer estos polos y ceros es conveniente usar el operador q.

2.5. Transformada Impulso

Luego de un muestreo ideal, la señal obtenida como un tren de impulsos cuya área o peso es el valor de la señal en cada instante de muestreo, genera un tren de impulsos que determina una señal generalmente identificada con el asterisco y se denomina señal muestreada idealmente.

Nota: No es conveniente aplicar a una planta los componentes de alta frecuencia presente en la señal muestreada por medio de un tren de impulsos ideales (o reales de muy corta duración), por consiguiente se inserta el retenedor de orden cero.

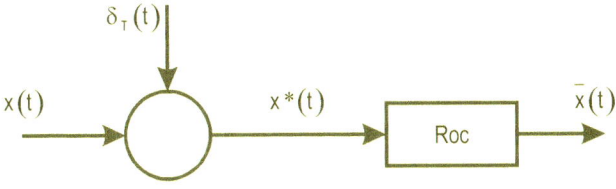

Figura 2-3

Con:

$$\delta_T(t) = \sum_{n=-\infty}^{\infty} \delta(t - nT)$$

Se suele representar como un interruptor:

$$x(t) \quad\quad / \;T \quad x*(t)$$

Figura 2-4

$$x*(t) = \sum_{n=0}^{\infty} x(nT).\delta(t - nT)$$

Si tomamos a fin de iniciar nuestro trabajo de análisis del sistema la transformada de Laplace de $x*(t)$

$$X*(s) = \sum_{n=0}^{\infty} x(nT).e^{-nTs}$$

Que se denomina la transformada de Laplace impulso.

Si se define ahora $z = e^{sT}$ siendo entonces $s = \dfrac{1}{T} Ln z$; surge la transformada zeta.

$$X*(s)\bigg|_{s=\frac{1}{T}Lnz} = \sum_{n=0}^{\infty} x(nT)z^{-n} = X(z)$$

Podemos aceptar y también en un concepto de aplicación técnica, que en cuanto se dispone de la transformada impulso es equivalente a la transformada zeta.

2.5.1. Propiedades de $X^*(s)$

Propiedad 1

Es periódica

$$X*(s+P) = \sum_{k} x(kT)e^{-kT(s+P)}$$

si $e^{-kTP}=1$ es periodica, luego es uno para todo k si $P=j\omega_s$

Luego

$$X^*(s)=X^*(s\pm j\omega_s k) \quad con \ k \in Z \ y \ \omega_s = 2\pi/T$$

Una alternativa de cálculo de la $X^*(s)$ se presenta aprovechando la propiedad de la periodicidad y de la integral de convolución obteniendo:

$$X*(s) = \frac{1}{T}\sum_{n=-\infty}^{\infty} X(s+jn\omega_s) + \frac{x(0)}{2}$$

Siendo esta última una expresión realmente útil para el análisis y cuya demostración detallada puede consultarse en la bibliografía recomendada.

Propiedad 2

Si $X(s)$ posee un polo en $s=s_1$ entonces $X^*(s)$ debe tener polos en $s_1+jm\omega_s$, con $m=0,\pm1, \ \pm2, \ 3\pm,....$

Para probar esta afirmación partimos de $x(t)$ continua en todos los instantes de muestreo, entonces:

$$X*(s) = \frac{1}{T}\sum_{n=-\infty}^{\infty} X(s+jn\omega_s) = \frac{1}{T}[X(s)+X(s+j\omega_s)+X(s+j2\omega_s)+...+$$
$$+ X(s-j\omega_s)+X(s-j2\omega_s)+...]$$

Si $X(s)$ posee un polo en s_1 entonces cada término contribuirá a un polo en $s= s_1+jm\omega_s$ con m entero.

Nota: se destaca que no es posible establecer equivalencia en los ceros de $X(s)$, lo que se puede afirmar es que los ceros de $X^*(s)$ son periódicos.

Si se tiene el modelo de polos-ceros de $X^*(s)$ en la banda primaria

$$-\frac{\omega_s}{2} \le \omega \le \frac{\omega_s}{2}$$

entonces se puede conocer la ubicación de polos y ceros de $X^*(s)$, en todo el plano s:

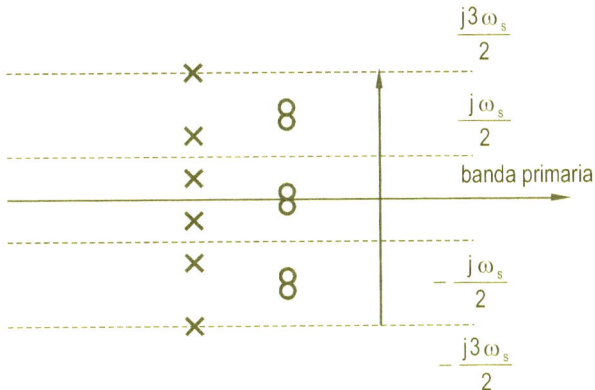

Figura 2-5

2.5.2. Evaluación de la trasformada impulso

Como vimos

$$x^*(t) = x(t).\delta_T(t) = \sum_{n=0}^{\infty} x(nT).\delta(t-nT)$$

Como un producto en dominio temporal le corresponde la convolución en dominio de s resulta:

$$X^*(s) = X(s) * L\{\delta_T(t)\}$$

Siendo la transformada del tren de impulso, causal ($t \ge 0$) definida como:

$$L\{\delta_T(t)\} = 1 + e^{-Ts} + e^{-2Ts} + \cdots = \frac{1}{1-e^{-Ts}} = \Delta_T(s)$$

Por consiguiente los polos de $L\{\delta_T(t)\}$ son aquellos donde $e^{-Ts} = 1$. Lo cual se cumple si

$$Ts = 2\pi k \qquad \text{ahora, si} \qquad s = j\omega T$$

$$s = j\omega T = \frac{2\pi}{T} \cdot k \qquad\qquad k = 0, \pm 1, \pm 2, \cdots$$

ωT es la frecuencia "digital" y la frecuencia de muestreo (ω_s) en [rad/seg] es igual a $\frac{2\pi}{T} = \omega_s$.

Los polos se pueden mapear en el plano *s*

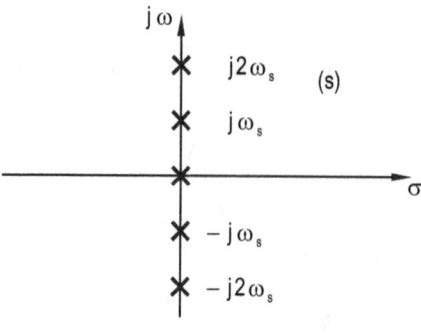

Figura 2-6

Volviendo a la convolución, recordando que

$$X^*_{(s)} = X_{(s)} * \Delta_T(s)$$

$$\Delta_T(s) = \frac{1}{1 - e^{-Ts}}$$

Vamos a considerar la transformada de Laplace de un producto y la propiedad de la convolucion en frecuencia:

$$L\{f(t).g(t)\} = \int_0^\infty f(t)g(t)e^{-st}dt = \frac{1}{2\pi j}\int_{c-j\infty}^{c+j\infty} F(p)G(s-p)dp$$

siendo

$$f(t) = \frac{1}{2\pi j}\int_{c-j\infty}^{c+j\infty} F(s)e^{st}ds$$

Reemplazando a *f(t)* en la transformada del producto:

$$L\{f(t).g(t)\} = \frac{1}{2\pi j}\int_0^\infty [\int_{c-j\infty}^{c+j\infty} F(p)e^{pt}dp].g(t)e^{-st}dt$$

Invirtiendo el orden de integración y aplicando la propiedad del retardo en *s* resulta:

$$L\{f(t).g(t)\} = \frac{1}{2\pi j}\int_{c-j\infty}^{c+j\infty} F(p)\int_0^\infty g(t)e^{-(s-p)t}dt;$$

siendo

$$\int_0^\infty g(t)e^{-(s-p)t}dt = G(s-p);$$

se concluye que

$$L\{f(t).g(t)\} = \frac{1}{2\pi j} \int_{c-j\infty}^{c+j\infty} F(p)G(s-p)dp$$

La convolución desarrollada en forma integral del producto de $x(t).\delta_T(t)=x^*(t)$; es:

$$X^*(s) = \frac{1}{2\pi j} \int_{c-j\infty}^{c+j\infty} X(\lambda)\Delta_T(s-\lambda)d\lambda$$

Vamos a demostrar que se puede obtener a la transformada impulso como:

$$X^*(s) = \frac{1}{2\pi j} \int_{c-j\infty}^{c+j\infty} X(\lambda)\frac{1}{1-e^{-T(s-\lambda)}}d\lambda$$

Donde la integral se realiza a lo largo de una curva desde $c-j\infty$ hasta $c+j\infty$ paralelo al eje imaginario en el plano λ, que separa los polos de $X(\lambda)$ de los polos de:

$$\frac{1}{1-e^{-T(s-\lambda)}}$$

Esta integral última, a fin de calcularla mediante los residuos de puede "cerrar"con una semicírcunferencia de radio infinito en el semiplano izquierdo (o derecho), y en este caso se puede escribir:

$$X^*(s) = \frac{1}{2\pi j} \int_{c-j\infty}^{c+j\infty} X(\lambda)\frac{1}{1-e^{-T(s-\lambda)}}d\lambda =$$

$$= \frac{1}{2\pi j} \oint X(\lambda)\frac{1}{1-e^{-T(s-\lambda)}}d\lambda - \frac{1}{2\pi j} \int_{\gamma} X(\lambda)\frac{1}{1-e^{-T(s-\lambda)}}d\lambda$$

Donde γ es una semicírcunferencia de radio infinito, en el semiplano izquierdo (o derecho) de λ, esto hace que la integral sobre γ sea cero o una constante, pues elgrado del denominador es mayor o igual al del numerador si se trata de un sistema causal.

Se describe el proceso en caso que se emplee una semicírcunferencia infinita en el semiplano izquierdo, se puede consultar a la bibliografía y ampliar este tema para el caso de usar el semiplano derecho.

Supongamos que $X(s)$ es "estable" o sea que sus polos están en el semiplano izquierdo y que se expresa mediante el cociente de dos polinomios: $X(s) = \dfrac{Q(s)}{P(s)}$, también que *grad. P(s)* es mayor que el *grad. Q(s)* o sea que $\lim_{s\to\infty} X(s) = 0$

Ubicado el plano λ se puede evaluar la integral en el contorno cerrado que encierra el SPI, y como *P(s)* es de mayor grado que *Q(s)* la integral a lo largo de γ_L (semicírcunferencia al infinito) se desvanece:

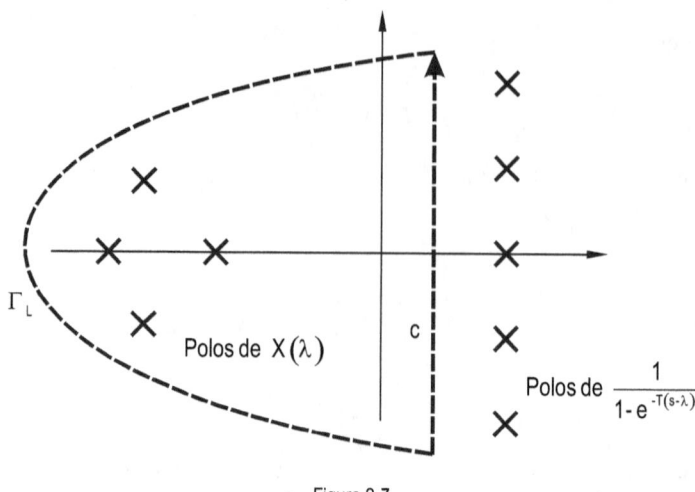

Figura 2-7

Entonces:

$$X*(s) = \frac{1}{2\pi j} \int_{c-j\infty}^{c+j\infty} X(\lambda)\frac{1}{1-e^{-T(s-\lambda)}}\,d\lambda = \frac{1}{2\pi j}\oint X(\lambda)\frac{1}{1-e^{-T(s-\lambda)}}\,d\lambda$$

Esta integral cerrada es la suma de los residuos de $X(\lambda)$, pues por el teorema de los residuos

$$\oint_c f_{(z)}\,dz = 2\pi j\left[r_1 + r_2 + ... + r_n\right]$$

con $r_1, r_2, \cdots, r_n$ residuos de $f_{(z)}$ en los puntos singulares dentro de la curva c resulta

$$X_{(s)}^* = \sum_{\text{polos } X(\lambda)}\left[\text{residuos } X_{(\lambda)}\frac{1}{1-e^{-k(s-\lambda)}}\right]$$

Si sustituimos $e^{sT} = z$ se tiene:

$$X_{(s)}^* = \sum_{\text{polos } X(\lambda)}\left[\text{residuos } \frac{X(\lambda).z}{z-e^{T\lambda}}\right]$$

Recordemos que el residuo en un polo simple s_j es:

$$r_j = \lim_{s\to s_j}[(s-s_j).\frac{X(s).z}{z-e^{Ts}}]$$

y en un polo múltiple s_i de orden n es:

$$r_i = \frac{1}{(n-1)!} \lim_{s \to s_i} \frac{d^{n-1}}{ds^{n-1}} [(s-s_i)^n . \frac{X(s).z}{z-e^{Ts}}]$$

Ejemplo 3:

Sea

$$X(s) = \frac{1}{(s+1)(s+2)}$$

obtener *X(z)*

Como:

$$X*(s) = X(z) = \sum [residuos \ de \ \frac{X(s).z}{z-e^{sT}} \ en \ polos \ de \ X(s)]$$

X(s) posee dos polos en –1 y en –2 simples luego:

$$r_1 = \frac{1}{s+2}\bigg|s = -1 = 1$$

$$r_2 = \frac{1}{s+1}\bigg|s = -2 = -1$$

Componiendo:

$$X(z) = \frac{z}{z-e^{-T}} - \frac{z}{z-e^{-2T}}$$

2.6. Determinación de la Función de Transferencia Discreta

Sea el SLIT:

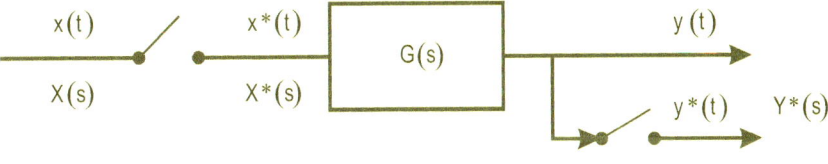

Figura 2-8

Y(s)=G(s).X*(s)

Demostraremos que *Y*(s) = [G(s).X*(s)]* = G*(s).X*(s)* y si se cumple, se puede definir la función de transferencia impulso $G*(s)$

$$y(t) = \int_0^t g(t-\tau)x*(\tau).d\tau = \int_0^t [g(t-\tau)\sum_k x(\tau)\delta_T(\tau)]d\tau$$

$$= \sum_{k=0}^{\infty} \int_0^t x(\tau).g(t-\tau).\delta_T(\tau).d\tau$$

$$= \sum_k x(kT).g(t-kT)$$

La transformada z de $y(t)$ es

$$Y(z) = \sum_{n=0}^{\infty} y(nT).z^{-n}$$

$$Y(z) = \sum_{n=0}^{\infty} [\sum_{k=0}^{\infty} x(kT).g(nT-kT)]z^{-n}$$

si $n-k=m$; $n=k+m$ resulta:

$$Y(z) = \sum_{m=0}^{\infty} [\sum_{k=0}^{\infty} x(kT).g(mT)]z^{-(k+m)}$$

$$= \sum_{m=0}^{\infty} g(mT)z^{-m} \sum_{k=0}^{\infty} x(kT)z^{-k} = G(z).X(z)$$

Luego:

$$Y*(s) = [X*(s).G(s)]* = X*(s).G*(s)$$

Esta propiedad es la que permite utilizar la transformada impulso para obtener la función de transferencia de sistemas.

2.6.1. Transformada z que implica el ROC

La presencia del Roc es indispensable, y se la considera " dentro" del proceso, que es de tiempo continuo con función de transferencia $G(s)$.

El Roc cuya función de transferencia es de la forma

$$G_{Roc}(s) = \frac{1-e^{-sT}}{s}$$

esta en cascada con el proceso constituyendo una función de transferencia de la forma:

$$X(s) = (1-e^{-sT}).\frac{G(s)}{s} = (1-e^{-sT}).G_1(s)$$

y entonces el problema es encontrar la transformada z de funciones en s que impliquen producto por $1-e^{-sT}$.

Establezcamos la función como:

$$X(s) = (1 - e^{-sT}).G_1(s) = G_1(s) - e^{-sT}G_1(s)$$

con:

$$X_1(s) = e^{-sT}.G_1(s)$$

llevado al dominio temporal este producto es una convolución:

$$g_o(t) = L^{-1}\{e^{-sT}\} = \delta(t - T)$$

esta integral de convolución es:

$$x_1(t) = \int_0^t g_o(t - \tau).g_1(\tau).d\tau = \int_0^t \delta(t - T - \tau).g_1(\tau).d\tau = g_1(t - T)$$

Luego, siendo:

$$G_1(z) = \sum_{k=0}^{\infty} g_1(kT).z^{-k}$$

y como

$$X_1(z) = \sum_{k=0}^{\infty} g_1(kT - T).z^{-k} = z^{-1}G_1(z)$$

luego

$$X(z) = G_1(z) - z^{-1}G_1(z) = (1 - z^{-1})G_1(z)$$

Esto nos da la clave del pasaje del plano s al z con Roc, pues, para obtener $X(z)$ hay que encontrar $G_1(z) \leftrightarrow \dfrac{G(s)}{s}$ y multiplicarla por $(1-z^{-1})$.

$$X(s) = (1 - e^{-sT}).G_1(s) = G_1(s) - e^{-sT}G_1(s)$$

$$x(t) = g_1(t) - g_1(t - T)$$

$$X(z) = (1 - z^{-1})G_1(z)$$

Nota: se advierte que la transformada del producto no es el producto de la transformadas, no es correcto suponer que es: $X(s)=(1-e^{-sT}).\dfrac{G(s)}{s}=(1-e^{-sT}).G_1(s)$ y como $z=e^{-sT}$, reemplazamos y lo que resulte en s lo pasamos a z, aunque demostramos que así se comporta en este caso.

2.7. La Transformada z en la Solución de las EED

La transformada z es para las Eed lo que la transformada de Laplace lo es para las EDO.

Veamos con ejemplos su aplicación ya que conceptualmente es igual a la solución de las EDO.

Sea:

$$x(k+2)+3x(k+1)+2x(k)=0$$

con

$$x(0)=0 \ \ y \ x(1)=1$$

$$z^2X(z)-z+3zX(z)+2X(z)=0$$

$$X(z)=\frac{z}{z^2+3z+2}=\frac{z}{(z+1)(z+2)}$$

$$\frac{X(z)}{z}=\frac{A}{z+1}+\frac{B}{z+2}=\frac{1}{z+1}-\frac{1}{z+2}$$

$$X(z)=\frac{z}{z+1}-\frac{z}{z+2} \rightarrow x(k)=[(-1)^k-(-2)^k]u(k)$$

Ejemplo:

Muestre que :

$$Z\{\sum_{h=0}^{k}x(h)\}=\frac{1}{1-z^{-1}}X(z)$$

Solución:

Si

$$y(k)=\sum_{h=0}^{k}x(h)$$

significa que:

$$y(0) = x(0)$$

$$y(1) = x(0) + x(1)$$

$$y(k) = x(0) + x(1) + \ldots + x(k)$$

entonces

$$y(k) - y(k-1) = x(k)$$

$$Y(z)(1 - z^{-1}) = X(z)$$

luego

$$Y(z) = \frac{1}{1 - z^{-1}} X(z)$$

2.8. Función de Transferencia de un SLIT

Un sistema de la forma, considerando sucesiones:

$$x(k+1) = Gx(k) + Hu(k)$$

$$y(k) = Cx(k) + Du(k)$$

resulta

$$z\big[X(z) - x(0)\big] = GX(z) + HU(z)$$

$$Y(z) = CX(z) + DU(z)$$

despejando

$$X(z) = (zI - G)^{-1}\big[zx(0) + HU(z)\big]$$

$$Y(z) = C(zI - G)^{-1}zx(0) + C(zI - G)^{-1}HU(z) + DU(z)$$

se denomina a la "función de transferencia discreta" como

$$F(z) = C(zI - G)^{-1}H + D$$

la matriz (función) que aplicada a la matriz de entrada determina las salidas

2.8.1. Procedimiento deductivo para obtener las Funciones de Transferencia

1) Construir el grafo del sistema, considerando a cada muestreador ideal como una entrada y una salida.

2) Asignar las variables. Considerar la salida del muestreador como una fuente y establecer las ecuaciones según Mason

3) Tomar la transformada impulso de estas ecuaciones y resolverlas.

Por ejemplo:

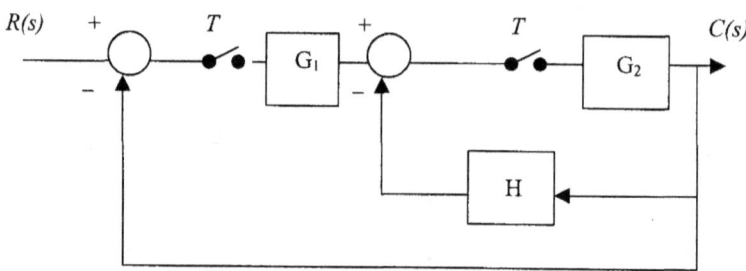

Figura 2-9

Diagrama de flujo:

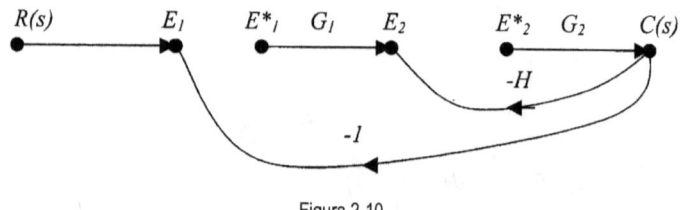

Figura 2-10

$E_1 = R - G_2 E^*_2$

$E_2 = G_1 E^*_1 - G_2 H E^*_2$

$C = G_2 E^*_2$

Pasando a la transformación impulso se obtiene:

$E^*_1 = R^* - G^*_2 E^*_2$

$E^*_2 = G^*_1 E^*_1 - (G_2 H)^* E^*_2$

$C^* = G^*_2 E^*_2$

Lo que nos permite realizar un nuevo diagrama de flujo sobre transformadas impulso:

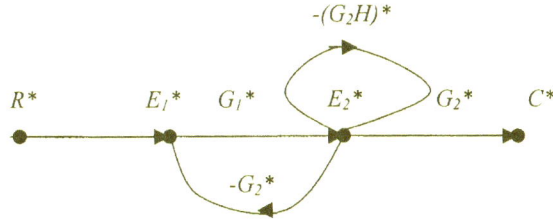

Figura 2-11

Aplicando Mason:

$$C^* = \frac{G_1^* G_2^*}{1 + G_1^* G_2^* + (G_2 H)^*} . R^*$$

$$C(z) = \frac{G_1(z).G_2(z)}{1 + G_1(z)G_2(z) + (G_2 H)(z)} . R(z)$$

$$C = \frac{G_1^* G_2}{1 + G_1^* G_2^* + (G_2 H)^*} . R^*$$

2.9. Discretización

A partir de la función de transferencia continua se puede encontrar la discreta.

Sea $G_{(s)}$ precedido de un Roc

Siempre que se desee digitalizar debemos pensar en la codificación y en la necesidad de cuantificar a fin de establecer un número discreto de niveles, por ello es que la retención de orden cero es evidente en todo los procesos continuos a digitalizar.

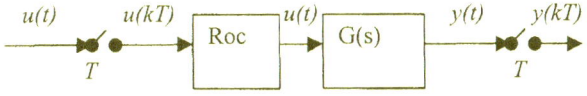

Figura 2-12

La función de transferencia del Roc es

$$u(t) - u(t - T) \rightarrow \frac{1 - e^{-sT}}{s}$$

El método para *obtener la función de transferencia discreta* es:

1) Determinar $y_{(t)}$ con

$$L^{-1}\left\{Y_{(s)}\right\} = L^{-1}\left\{G_{(s)}U_{(s)}\right\} = L^{-1}\left\{\frac{G(s)}{s}\right\}$$

2. Determinar la transformada z que corresponda a esta $y_{(t)}$ o sea $\tilde{Y}_{(z)}$

3. Multiplicarla por $\left(1-z^{-1}\right)$ para obtener la $H_{(z)}$ a través de un retenedor de orden cero.

La forma sería

1) Encontrar la transformada z de $\dfrac{G_{(s)}}{s}$

2) Multiplicarla por $\left(1-z^{-1}\right)$ y se determina $H_{(z)}$

Esto es útil si se posee una tabla que vincule la transformada de Laplace con la z ya que no es necesario obtener la función en dominio del tiempo.

Las tablas no dan en ¨general¨ el muestreo con retenedor de orden cero. "Es una equivocación creer que lo incluyen".

La función de transferencia se obtiene por medio del proceso indicado arriba, ya que en los sistemas reales siempre existe el Roc.

2.10. Sistemas de Control Digital Clásicos

Sistema de control digital con controlador analógico

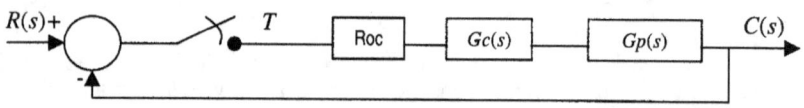

Figura 2-13

Sistema de control digital con controlador digital

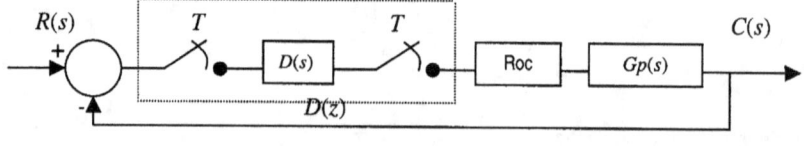

Figura 2-14

Sistema de control digital con controlador analógico en la realimentación

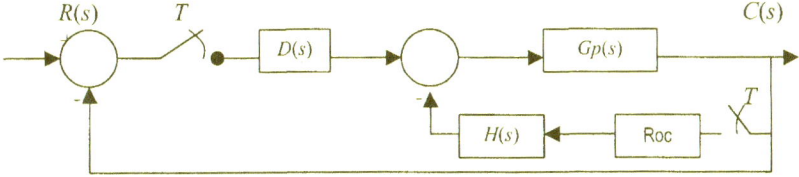

Figura 2-15

Sistema de control digital con controlador digital en la realimentación

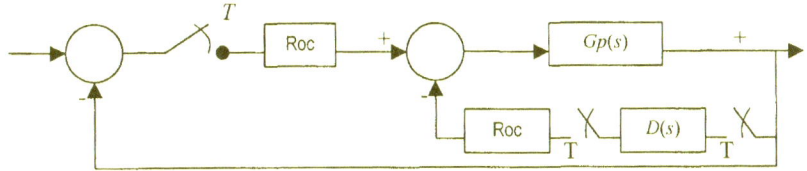

Figura 2-16

2.11. Función de Transferencia de un Controlador Pid Digital

La acción de un controlador PID analógico ha sido exitosa en muchos sistemas de control y en caso de incorporar la computadora la mayoría de los lazos de control se pueden manipular mediante un PID digital.

La función de transferencia de un PID analógico moderno, o sea vinculado esta dada por:

$$m(t) = K[e(t) + \frac{1}{T_i} \int_0^t e(t).dt + T_d \frac{de(t)}{dt}]$$

donde *e(t)* es la señal error o sea la entrada al controlador en cascada, y *m(t)* es la variable manipulada, entrada al proceso. *K* es la ganancia proporcional, T_i es el tiempo de integración o de reajuste (reset), T_d es el tiempo derivativo vinculado al tiempo de adelanto y a veces así denominado.

Para obtener la función de transferencia impulso del controlador hay que discretizar esta ecuación para lo cual pueden usarse varios métodos numéricos.

Si se aproxima la integral por medio del método de los trapecios y la derivada mediante la difernecia entre dos puntos, se obtiene:

$$m(kT) = K\{e(kT) + \frac{T}{T_i}[\frac{e(0)+e(T)}{2} + \frac{e(T)+e(2T)}{2} + ... +$$
$$+ \frac{e((k-1)T)+e(kT)}{2}] + T_d \frac{e(kT)-e((k-1)T)}{T}\}$$

$$m(kT) = K\{e(kT) + \frac{T}{T_i}\sum_{n=1}^{k}\frac{e((n-1)T)+e(nT)}{2} + \frac{T_d}{T}[e(kT)-e((k-1)T)]\}$$

definiendo a

$$\frac{e((n-1)T)+e(nT)}{2} = f(nT), \qquad f(0) = 0$$

Entonces:

$$\sum_{n=1}^{k}\frac{e((n-1)T)+e(nT)}{2} = \sum_{n=1}^{k}f(nT)$$

Pues en general

$$Z\{\sum_{n=0}^{k}x(n)\} = \frac{1}{1-z^{-1}}X(z);$$

y también

$$\sum_{n=0}^{k}x(n) = \lim_{z\to 1}X(z)$$

Demostración

Sea

$$y(k) = \sum_{n=0}^{k}x(n) \qquad n = 0,1,2,3...$$

de modo que

$$y(0) = x(0)$$

$$y(1) = x(0) + x(1)$$

$$y(2) = x(0) + x(1) + x(2)$$

$$\vdots$$

$$y(k) = x(0) + x(1) + ... + x(k)$$

entonces

$$y(k) - y(k-1) = x(k)$$

$$(1-z^{-1})Y(z) = X(z) \qquad o \qquad Y(z) = \frac{X(z)}{1-z^{-1}}$$

Al transformar por z

$$Z[\sum_{n=1}^{k}\frac{e((n-1)T)+e(nT)}{2}] = Z[\sum_{n=1}^{k}f(nT)] = \frac{1}{1-z^{-1}}[F(z)-f(0)] = \frac{1}{1-z^{-1}}F(z)$$

notese que

$$F(z) = Z\{f(kT)\} = \frac{1+z^{-1}}{2}E(z)$$

Por lo tanto:

$$Z\{\sum_{n=1}^{k}\frac{e((n-1)T)+e(nT)}{2}\} = \frac{1+z^{-1}}{2(1-z^{-1})}E(z)$$

Entonces la función de transferencia del PID digital es:

$$M(z) = K[1+\frac{T}{2T_i}\frac{1+z^{-1}}{1-z^{-1}}+\frac{T_d}{T}(1-z^{-1})].E(z)$$

Esta última ecuación puede escribirse como:

$$M(z) = K[1-\frac{T}{2T_i}+\frac{T}{T_i}\frac{1}{1-z^{-1}}+\frac{T_d}{T}(1-z^{-1})].E(z)$$

$$= K[1-\frac{T}{2T_i}+\frac{T}{T_i}\frac{1}{1-z^{-1}}+\frac{T_d}{T}(1-z^{-1})].E(z)$$

donde si:

$$K-\frac{KT}{2T_i} = K-\frac{K_I}{2} = K_P \qquad \textbf{ganancia proporcional}$$

$$\frac{KT}{T_i} = K_I \qquad \textbf{ganancia integral}$$

$$\frac{KT_d}{T} = K_D \qquad \textbf{ganancia derivativa}$$

Entonces:

$$M(z) = [K_P+\frac{K_I}{1-z^{-1}}+K_D(1-z^{-1})].E(z)$$

A la función de transferencia del PID así determinada, se la denomina "posicional" y es una forma regularmente usada. Observe que comparando con la función de transferencia del PID en tiempo continuo, el factor *(1-z⁻¹)* es como si reemplazara al *s*, también vemos que la ganancia es mas pequeña en *K/2* del tiempo continuo.

Existen otras formas de función de transferencia según los algoritmos de integración y derivación usados, una es la forma de velocidad, que posee alguna ventajas especialmente en la conmutación manual automática del controlador que no requiere iniciación.

Con la diferencia hacia atrás en *m(kT)* , con integración rectangular, con transformación bilineal o de Tustin se obtienen distintas funciones de transferencias para el PID digital, con ventajas según sea la sensibilidad deseada y la operatoria, a fines académicos esta forma de posición es la que adoptamos por ser la mas simple y permite obtener conclusiones equivalentes a las otras formas de PID.

2.12. Filtros Digitales

Los filtros digitales son sistemas raramente construidos en hard como podemos pensar sobre los filtros analógicos, pero su diseño y comportamiento está muy vinculado a los filtros analógicos, si *H(Ω)* en la función de transferencia digital, o sea Ω es este caso la frecuencia digital, posee esta función una propiedad fundamental: es periódica de periodo 2π.

En un sentido "ideal" la caracterización técnica de filtro es de: pasa bajo, pasa alto, pasa banda, elimina banda o pasa todo y queda expresada en un bosquejo del modulo como espectros de frecuencia periódicos:

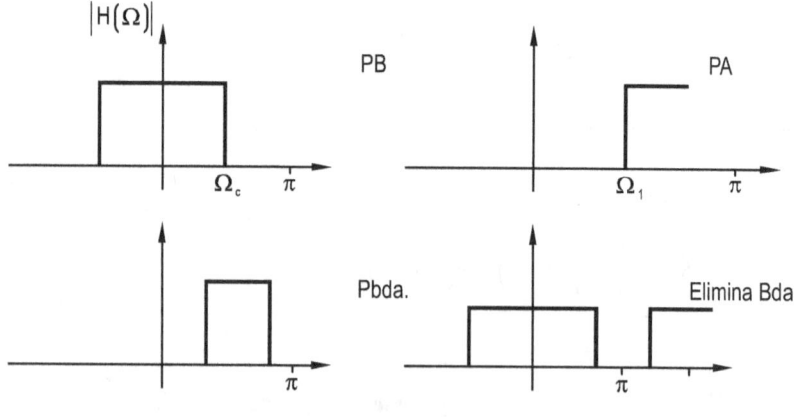

Figura 2-17

El hecho de ser "ideales" hace que la magnitud $|H(\Omega)|$ sea constante en la banda de paso o de rechazo. Se acepta que la respuesta de fase que nula si es ideal en general se acepta que sea "lineal", lo que significa un retardo temporal constante para la respuesta:

$$H(\Omega) = \begin{cases} c.e^{-j\Omega n_0} & \Omega_1 < \Omega < \Omega_2 \\ 0 & otro\ \Omega \end{cases}$$

Este filtro produce un retardo temporal constante pues

$$Y(\Omega) = X(\Omega).H(\Omega) = X(\Omega)\, c\, e^{-j\Omega.no}$$

$$y[n] = c\, x[n-no]$$

Si el filtro posee característica de fase lineal es:

$$\theta(\Omega) = -\Omega \, n_0$$

La derivada de la fase respecto a la frecuencia se denomina retardo de la señal

$$\tau_g(\Omega) = -\frac{d\theta(\Omega)}{d\omega} \; [seg]$$

también retardo de envolvente o retardo de grupo.

Observamos que si el filtro es de fase lineal, $\tau_g(\Omega) = n_o$ por ello se refiere a unidades de tiempo.

2.12.1. Ley de Filtros

A partir de la ubicación de polos y ceros, el principio básico es localizar los polos cerca de la circunferencia unitaria correspondientes a las frecuencias que se desean acentuar y situar los ceros cerca de aquellos puntos que correspondan con frecuencias que se desean amortiguar. Recordar que la frecuencia digital en el plano z es un ángulo.

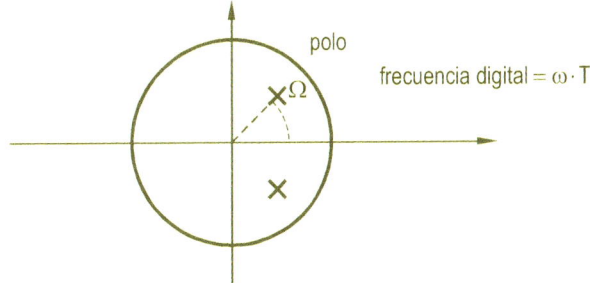

Figura 2-18

Además:

1) Todos los polos deben estar dentro de la circunferencia unitaria para que el filtro sea estable.

   Los ceros pueden estar en cualquier parte del plano z

2) Todos los ceros y polos complejos deben ser pares conjugados a fin que los coeficientes del filtro sean reales.

2.12.2. Modelo de Filtros

La función de transferencia de los filtros se pueden expresar

$$H_{(z)} = \frac{\displaystyle\sum_{k=0}^{M} b_k z^{-k}}{1+\displaystyle\sum_{k=1}^{N} a_k z^{-k}} = bo\frac{\displaystyle\prod_{k=1}^{M}(1-z_k z^{-1})}{\displaystyle\prod_{k=1}^{N}(1-p_k z^{-1})} = \frac{bo+b_1 z^{-1}+...+b_M z^{-M}}{1+a_1 z^{-1}+...+a_N z^{-N}}$$

b_0 es una constante de normalización y se elige de forma que $|H_{(\omega)}| = 1$, con ω_0 centro de frecuencia de la banda de paso, b_i y a_i son los coeficientes del filtro.

Asumimos sin pérdida de generalidad que $a_0=1$. El orden de un filtro es el orden del denominador si $a_N\neq0$.

Normalmente $N \geq M$ *si se trata de sistemas causales.*

2.13. Estructuras de Filtros

Se trata de esquematizar las estructuras de los filtros, a fin de poder realizarlos, ya que los filtros digitales son en realidad un programa.

Veremos el método directo I y II por ser básicos, se denominan directos porque los coeficientes de las Eed aparecen directamente en las ramas del filtro.

Las estructuras en cascada, paralelo o celosía ofrecen algunas ventajas sobre la sensibilidad de los coeficientes, propias de cada una de estas formas de presentar los coeficientes del filtro, pueden obtenerse partiendo de formas directas.

Consideremos al sistema:

$$y_{(n)} = -a_1 y_{(n-1)} + b_0 x_{(n)} + b_1 x_{(n-1)}$$

Se realiza usando retardadores:

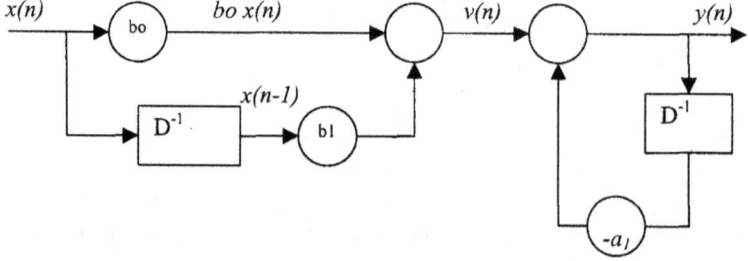

Figura 2-19

A esta forma se la denomina forma directa I, se observa que el sistema es la cascada o serie de dos SLIT, el primero FIR descripto por $v_{(n)} = b_0 x_{(n)} + b_1 x_{(n-1)}$ y el segundo en sistema recursivo del tipo IIR: $y_{(n)}=-a_1 y_{(n-1)} + v_{(n)}$.

Se pueden intercambiar el orden de la serie de sistemas, la respuesta total no se altera.

$$w_{(n)} = -a_1 w_{(n-1)} + x_{(n)}$$

$$y_{(n)} = b_0 w_{(n)} + b_1 w_{(n-1)}$$

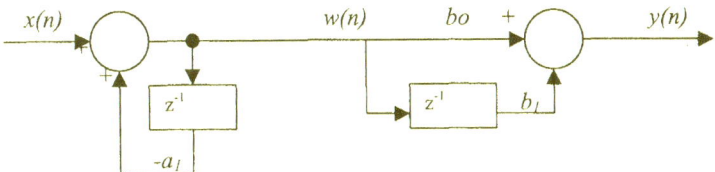

Figura 2-20

En este caso los dos retardadores poseen la misma entrada $w_{(n)}$ y la misma salida $w_{(n-1)}$ se puede fundir en uno solo elemento de retardo.

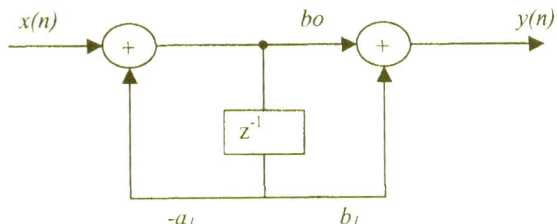

Figura 2-21

A esta forma se lo denomina directa II o estándar y es muy usada ya que economiza un retardador, en realidad la forma directa I solo posee valor académico ya que se realizan filtros estándar o sea que poseen el mínimo número de retardadores y también se debe economizar los sumadores.

2.13.1. Expresión General de los Filtros

Generalizando, los filtros son descriptos por:

$$y_{(n)} = -\sum_{k=1}^{N} a_k y_{(n-k)} + \sum_{k=0}^{M} b_n x_{(n-k)}$$

La forma directa I es:

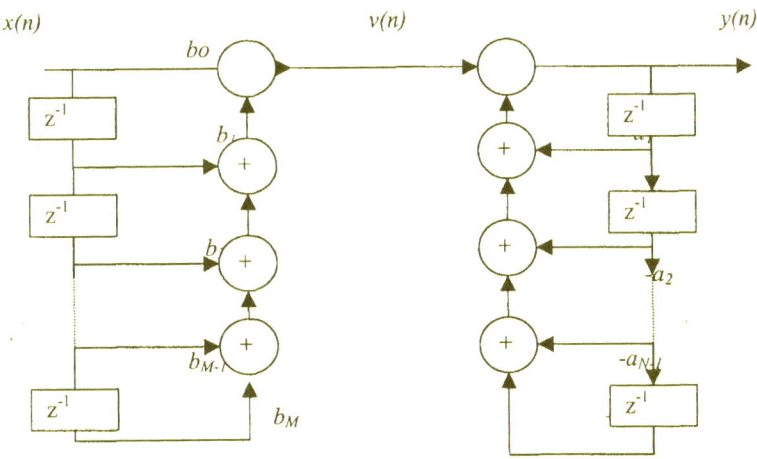

Figura 2-22

Necesita $M+N$ retardos y $N+M+1$ sumador.

La serie no recursiva:

$$v_{(n)} = \sum_{k=0}^{M} b_k \, x_{[n-k]} \; ;$$

y recursiva

$$y_{(n)} = -\sum_{k=1}^{N} a_k \, y_{(n-k)} + v_{(n)}$$

La forma directa II invierte el orden de estos filtros.

$$w_{(n)} = -\sum_{k=1}^{N} a_k w_{(n-k)} + x_{(n)}$$

$$y_{(n)} = \sum_{k=0}^{M} b_k w_{(n-k)}$$

Si $N \geq M$ sigue la ley del número de retardadores es igual al orden del sistema.

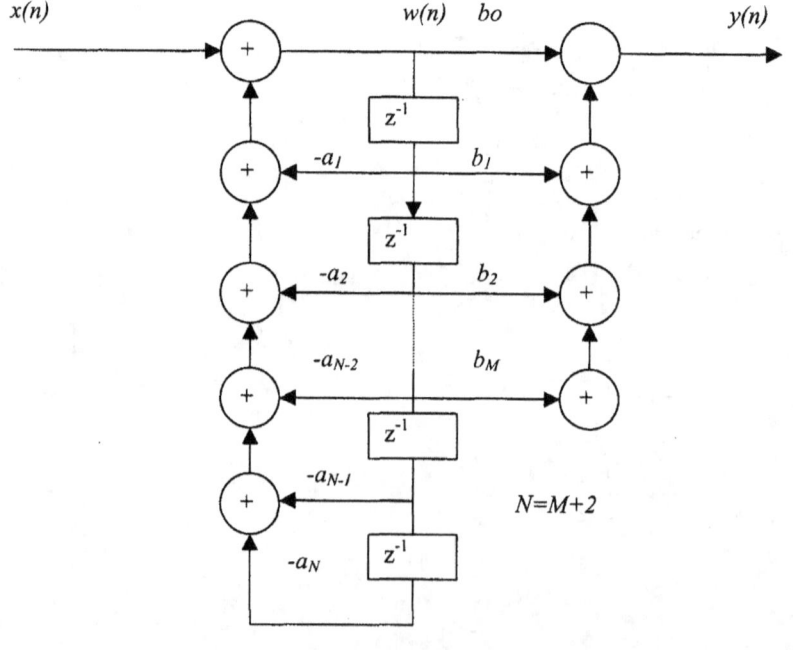

Figura 2-23

2.13.2. Diagramas de Flujo

Veamos el método de realizar el diagrama de flujo para una estructura directa, elaborada a partir de la función de Transferencia, la sistemática es la siguiente.

Sea:

$$H(z) = \frac{\sum_{k=0}^{M} b_k \, z^{-k}}{\sum_{k=0}^{N} a_k \, z^{-k}} = \frac{Y(z)}{X(z)}$$

o

$$\frac{Y(z)}{X(z)} = \frac{b_0 + b_1 z^{-1} + b_2 z^{-2} + \cdots + b_M z^{-M}}{a_0 + a_1 z^{-1} + a_2 z^{-2} + \cdots + a_N z^{-N}}$$

Multiplicando numerador y denominador por una variable *W(z)* auxiliar e igualando numeradores y denominadores.

$$Y(z) = \left(b_0 + b_1 z^{-1} + b_2 z^{-2} + \cdots + b_M z^{-M}\right) W(z)$$
$$X(z) = \left(a_0 + a_1 z^{-1} + a_2 z^{-2} + \cdots + a_N z^{-N}\right) W(z)$$

Escribiendo estas ecuaciones en forma de causa - efecto y considerando a $z^N X(z)$ como señales independiente de la ecuación de entrada, explicitamos *W(z)* que es la que trasladamos a la salida.

$$W(z) = -\frac{a_1}{a_0} z^{-1} W(z) - \frac{a_2}{a_0} z^{-2} W(x) - \cdots - \frac{a_N}{a_0} z^{-N} W(z) + \frac{X(z)}{a_0}$$
$$Y(z) = b_0 W(z) + b_1 z^{-1} W(z) + \cdots + b_M z^{-M} W(z)$$

A estas ecuaciones las representamos:

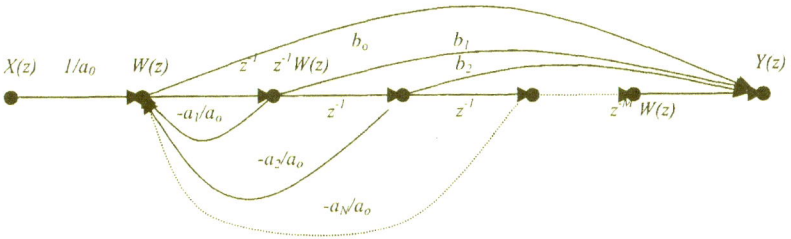

Figura 2-24

Por ejemplo:

$$y(n) = -a_1 y(n-1) + b_0 x(n) + b_1 x(n-1)$$
$$Y(z) = -a_1 z^{-1} Y(z) + \left(b_0 + b_1 z^{-1}\right) X(z)$$

$$H(z) = \frac{b_o + b_1 z^{-1}}{1 + a_1 z^{-1}}$$

$$Y(z) = b_o W(z) + b_1 z^{-1} W(z)$$

$$X(z) = W(z) + a_1 z^{-1} W(z) \quad \Rightarrow \quad W(z) = a_1 z^{-1} W(z) + X(z)$$

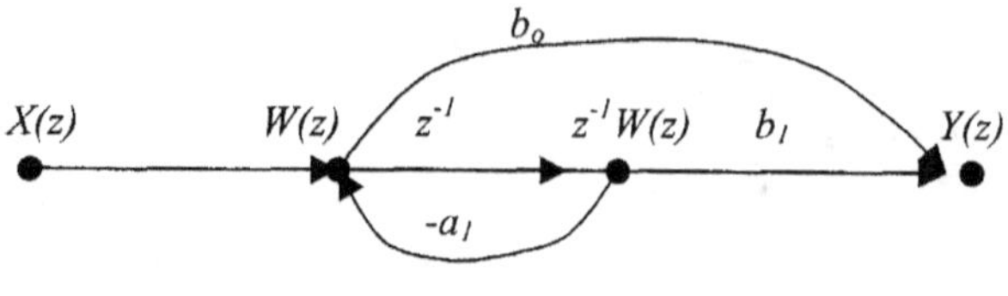

Figura 2-25

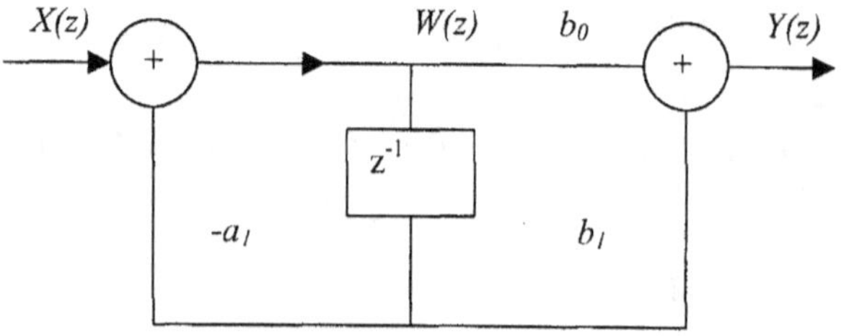

Figura 2-26

que corresponde a la forma directa II, o estándar a secas.

A fin de normalizar la función de transferencia, adoptamos las formas

$$y_{(n)} = -\sum_{k=1}^{N} a_n y_{(n-k)} + \sum_{k=0}^{M} b_n x_{(n-k)}$$

con función de transferencia de la forma

$$H(z) = \frac{\displaystyle\sum_{k=0}^{M} b_n z^{-k}}{1 + \displaystyle\sum_{k=1}^{N} a_n z^{-k}}$$

Al valor de a_o se lo toma 1 . Es un sistema causal y realizable si $a_o \neq 0$

2.14. Estructuras para FIR (respuesta al impulso finita)

2.14.1. El filtro de Media Móvil

Un caso especial ocurre cuando $a_k = 0$; $\forall k$ y la ecuación del filtro es:

$$y(n) = \sum_{k=0}^{M-1} b_k \ x(n-k)$$

Es un filtro no recursivo. Considera las últimas *M-1* muestras de la entrada y las pondera por b_k antes de sumarlas. La salida es la "media móvil" de la entrada.

Este sistema es conoce como sistema de media móvil (MA, moving average). Es un sistema FIR cuya respuesta al impulso es:

$$h(k) = \begin{cases} b_k & 0 \le k \le M \\ 0 & otro\ k \end{cases}$$

2.14.2. Estructura directa

$$H_{(z)} = b_o + b_1 z^{-1} + ... + b_{M-1} z^{M-1} = \frac{Y_{(z)}}{X_{(z)}}$$

$$Y_{(z)} = b_0 X_{(z)} + b_1 z^{-1} X_{(z)} + ... + b_{M-1} z^{M-1} X_{(z)}$$

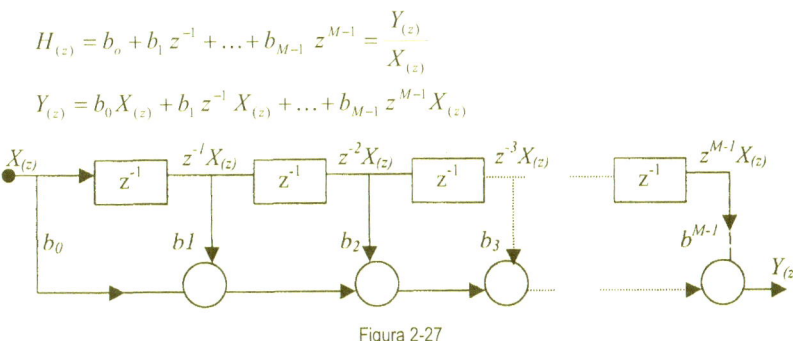

Figura 2-27

Esta realización se denomina filtro transversal o filtro de líneas de retardo.

2.14.3. Estructura en Cascada

Esta estructura es en serie y transforma a la $H_{(z)}$ en una sucesión de $H_{k(z)}$, tal que su producto es $H_{(z)}$.

$$H(z) = \prod_{k=1}^{K} H_k(z)$$

Y se trata cada factor por separado, realizando su estructura con el método directo.

Las secciones pueden estar formado por sistemas de primer orden o segundo, se acostumbra formar secciones de pares de raíces complejas.

$$H_{n(z)} = b_{ko} + b_{k1} z^{-1} + b_{k2} z^{-2} \qquad Sección\ k - sima$$

Su representación por método directo es:

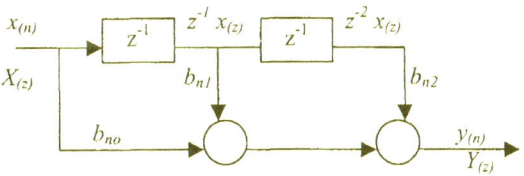

Fiugura 2-28

Se puede lograr alguna simplificación si se usa secciones de cuarto orden.

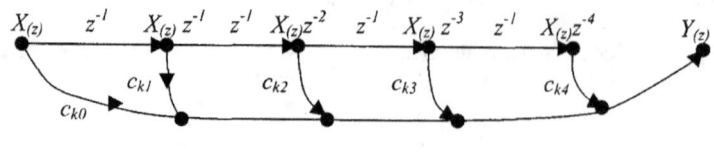

Figura 2-29

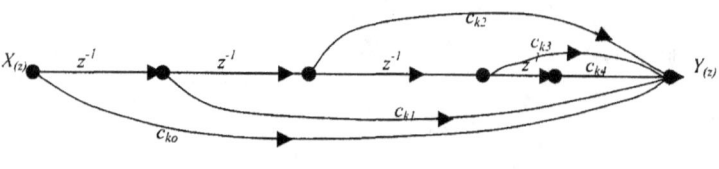

Figura 2-30

2.14.4. Estructuras de Muestreo en Frecuencia para FIR

Se trata de especificar la respuesta en frecuencia mediante un muestreo de frecuencias equiespaciadas en un intervalo $[0,\pi]$, para Ω :

$$H(\Omega) = \sum_{n=0}^{M-1} h(n)\ e^{-j\Omega n}$$

muestreando en frecuencias

$$\Omega_k = \frac{2\pi}{M}(k+\alpha) \qquad \text{sobre} \qquad \Omega = [0, 2\pi[$$

$$\text{con } \Delta\Omega = \frac{2\pi}{M}$$

$$H(k+\alpha)\ = H\left(\frac{2\pi}{M}\ (k+\alpha)\right) = \sum_{n=0}^{M-1} h(n)\ e^{-j2\pi/M(k+\alpha)n}$$

para $k = 0, 1, 2 \ldots M\text{-}1$; el conjunto $\{H_{(k+\alpha)}\}$ son las muestras de $H_{(\omega)}$.

(En el caso de $\alpha = 0$; $\{H_{(k)}\}$ corresponde con la DFT de M puntos de $\{h_{(n)}\}$).

La inversa de $H_{(k+\alpha)}$ es:

$$h_{(n)} = \frac{1}{M} \sum_{k=0}^{M-1} H_{(k+\alpha)}\ e^{j\frac{2\pi}{M}(k+\alpha)n} \qquad n = 0,1,\ldots M-1$$

Cuando $\alpha = 0$ es simplemente IDFT de $\{h_{(n)}\}$.

Obteniendo la transformada z a partir de esta $h(n)$.

$$H_{(z)} = \sum_{n=0}^{M-1} h_{(n)} z^{-n} = \sum_{n=0}^{M-1} \left[\frac{1}{M} \sum_{k=0}^{M-1} H_{(k+\alpha)} e^{j\frac{2\pi}{M}(k+\alpha)n} \right] z^{-n}$$

$$H_{(z)} = \sum_{k=0}^{M-1} H_{(k+\alpha)} \left[\frac{1}{M} \sum_{n=0}^{M-1} e^{j\frac{2\pi}{M}(k+\alpha)n} z^{-n} \right] = \frac{1 - z^{-M} e^{j2\pi\alpha}}{M} \sum_{k=0}^{M-1} \frac{H_{(k+\alpha)}}{1 - e^{j\frac{2\pi}{M}(k+\alpha)} z^{-1}}$$

La estructura del FIR es entonces de dos filtros en cascada, $H_{(z)} = H_{1(z)}. H_{2(z)}$ donde:

$$H_{1(z)} = \frac{1 - z^{-M} e^{j2\pi\alpha}}{M}$$

es un filtro todo ceros, o **"peine"** con sus ceros equiespaciados en la circunferencia unidad.

$$z_k = e^{j\frac{2\pi}{M}(k+\alpha)} \qquad k = 0,1,2,\dots M-1$$

El segundo filtro es un banco en paralelo de filtros de un polo.

$$H_{2(z)} = \sum_{k=0}^{M-1} \frac{H_{(k+\alpha)}}{1 - e^{j\frac{2\pi}{M}(k+\alpha)}.z^{-1}}$$

el polo es

$$p_k = e^{j\frac{2\pi}{M}(k+\alpha)} \qquad\qquad \text{para } k = 0,1,2,\dots M-1$$

La ubicación de los polos coincide con los ceros; es para $\Omega_k = \frac{2\pi}{M}(k+\alpha)$ que son las frecuencias donde se especifica $H(\Omega)$

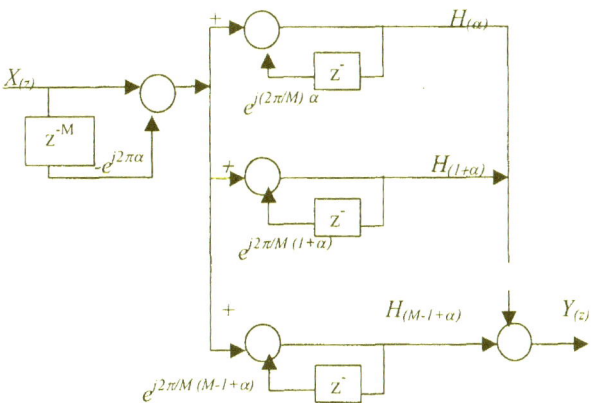

Figura 2-31

2.13.5. Estructura en celosía

Son muy usados en el procesado digital de la voz y en la implementación de filtros adaptativos.

En caso de presentarse:

$$y(n) = \sum_{k=0}^{M-1} b_k \ x(n-k) \quad ; \quad H(z) = \sum_{k=0}^{M-1} b_k \ z^{-k}$$

se puede arreglar como:

$$\frac{1}{bo} y(n) = x(n) + \sum_{k=1}^{M-1} \alpha_k \ x(n-k) = \tilde{y}(n)$$

si, $M=2$ resulta: $\tilde{y}(n) = x(n) + \alpha_1 \ x(n-1)$

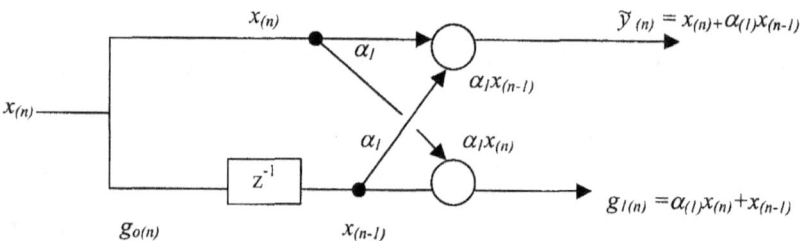

Figura 2-32

Si es, $M=3$ se puede componer:

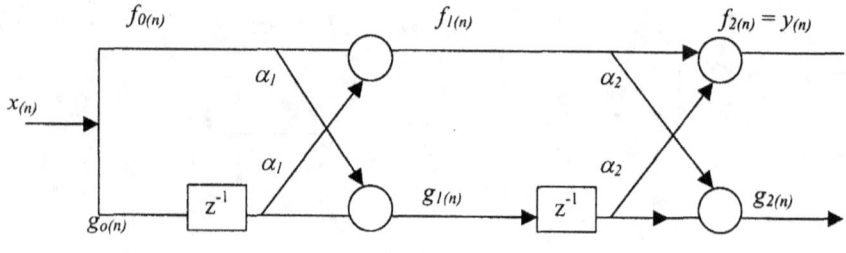

Figura 2-33

$f_o(n) = x(n)$

$f_1(n) = x(n) + \alpha_1 x(n-1)$

$f_2(n) = \alpha_1\alpha_2 \ x(n-1) + \alpha_2 x(n-2) + x(n) + \alpha_1 x(n-1) = x(n) + \alpha_2(1+\alpha_1) \ x(n-1) + \alpha_2 x(n-2)$

la rama superior es $f_2(n) = x(n) + k_1 \ x(n-1) + k_2 \ x(n-2)$

Recurriendo se puede establecer:

$$f_{0(n)} = g_{0(n)} = x_{(n)}$$

$$f_m(n) = f_{m-1}(n) + k_m g_{m-1}(n-1) \qquad m = 1, 2 \ldots, M-1$$

$$g_m(n) = k_m f_{m-1}(n) + g_{m-1}(n-1)$$

$$g_{(n)} = f_{M-1}(n)$$

2.14.6. Estructura en Cascada

Este tipo de estructura en muy usada en control por la robustez ante la sensibilidad de los coeficientes, el método es una expansión mediante la división de polinomios y una posterior programación:

De acuerdo a esta estructura se escribe *G(z)* como:

$$G(z) = A_0 + \cfrac{1}{B_1 z + \cfrac{1}{A_1 + \cfrac{1}{B_2 z + \cfrac{1}{\vdots}}}}$$

$$\vdots$$

$$A_{n-1} + \cfrac{1}{B_n + \cfrac{1}{A_n}}$$

El método de programación define:

$$G_i^{(B)}(z) = \cfrac{1}{B_i z + G_i^{(A)}(z)}, \qquad i = 1, 2, \ldots, n-1$$

$$G_i^{(A)}(z) = \cfrac{1}{A_i z + G_i^{(B)}(z)}, \qquad i = 1, 2, \ldots, n-1$$

$$G_n^{(B)}(z) = \cfrac{1}{B_n z + \cfrac{1}{A_n}}$$

Entonces se puede escribir a *G(z)* como:

$$G(z) = A_0 + G_1^{(B)}(z)$$

Veamos este método mediante un ejemplo sencillo a fin de comprender su funcionamiento, *n=2*

$$G(z) = A_0 + \cfrac{1}{B_1 z + \cfrac{1}{A_1 + \cfrac{1}{B_2 z + \cfrac{1}{A_2}}}}$$

Se puede escribir:

$$G(z) = A_0 + \cfrac{1}{B_1 z + \cfrac{1}{A_1 + G_2^{(B)}(z)}} = A_0 + \frac{1}{B_1 z + G_1^{(A)}(z)} = A_0 + G_1^{(B)}(z)$$

Observe que se puede poner como:

$$G_i^{(B)}(z) = \frac{Y_i(z)}{X_i(z)} = \frac{1}{B_i z + G_i^{(A)}(z)}$$

o

$$X_i(z) - G_i^{(A)}(z).Y_i(z) = B_i z Y_i(z)$$

El diagrama en bloques de $G_i^{(B)}(z)$ dada por la ecuación es:

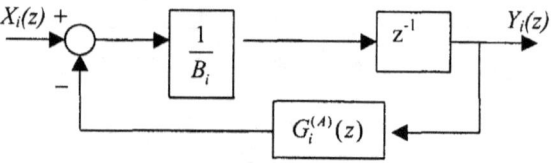

Figura 2-34

De manera similar, los bloques para $G_i^{(A)}(z)$

$$G_i^{(A)}(z) = \frac{Y_i(z)}{X_i(z)} = \frac{1}{A_i + G_{i+1}^{(B)}(z)}$$

o

$$X_i(z) - G_{i+1}^{(B)}(z).Y_i(z) = A_i Y_i(z)$$

Observe que

$$G_n^{(A)}(z) = \frac{1}{A_n}$$

el diagrama en bloques es:

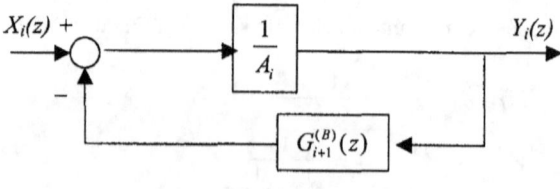

Figura 2-35

Mediante la combinación de las componentes del filtro digital se pueden realizar las estructuras en escalera, como se muestra en las siguientes figuras para $n=2$;

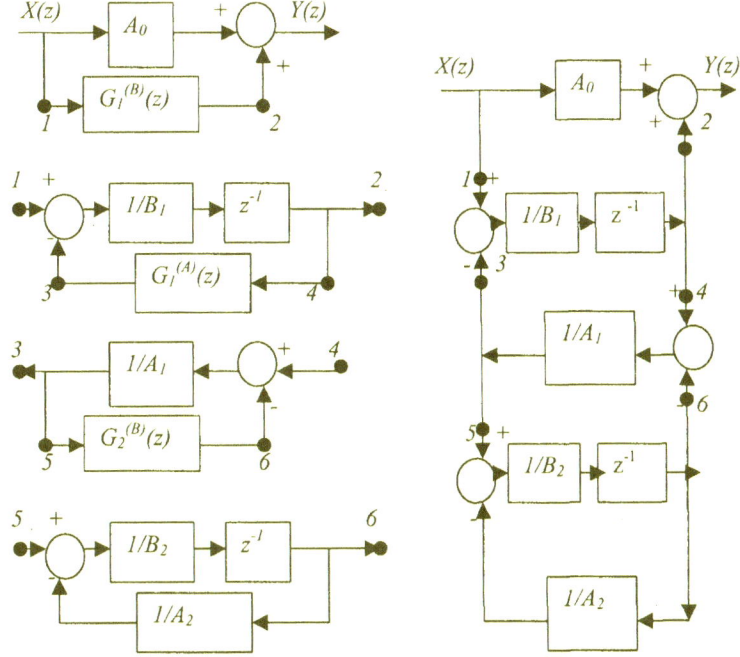

Figura 2-36

2.15. Estructuras de Filtros IIR

La función de transferencia de filtros IIR pueden verse como cascadas de un sistema que contenga los ceros y otro que contenga los polos de *H(z)*

$$H(z) = H_1(z).H_2(z)$$

$$H_1(z) = \sum_{k=0}^{M} b_k \, z^{-k} \; ; \qquad H_2(z) = \frac{1}{1 + \sum_{k=1}^{N} a_k \, z^{-k}}$$

Se puede realizar el sistema todo ceros seguido de todo polos, la forma general es:

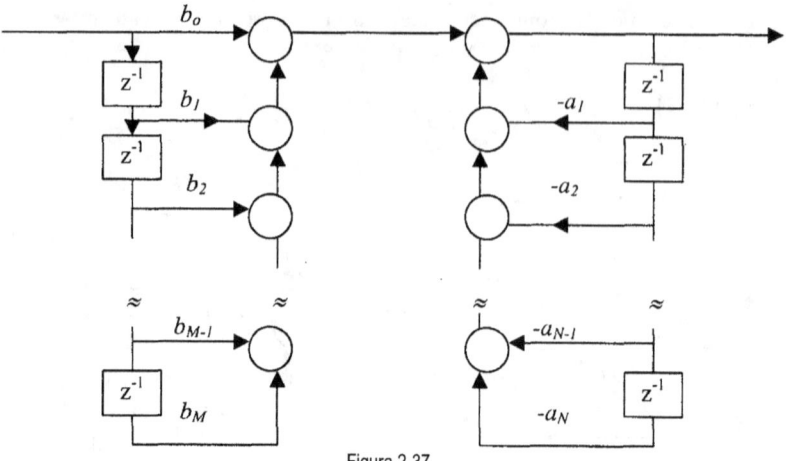

Figura 2-37

Y si se acomoda con el todo polos antes del todo cero se obtiene la estructura más compacta o estándar:

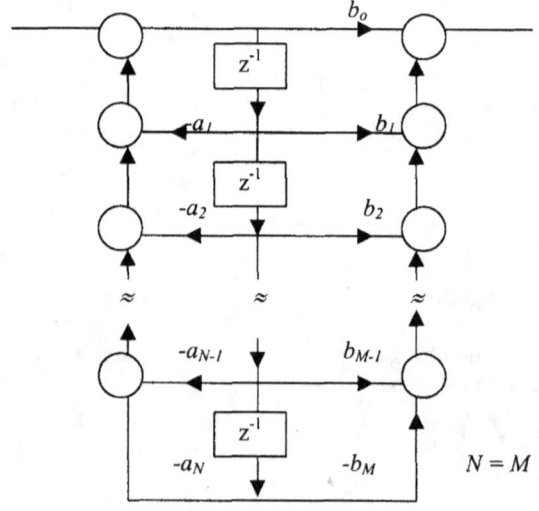

$N = M$

Figura 2-38

2.15.1. Estructura en Cascada

Se descompone el sistema en subsistemas de uniones o segundo orden y se implementan en serie

$$H_{(z)} = H_1(z) \ H_2(z) \ H_3(z)$$

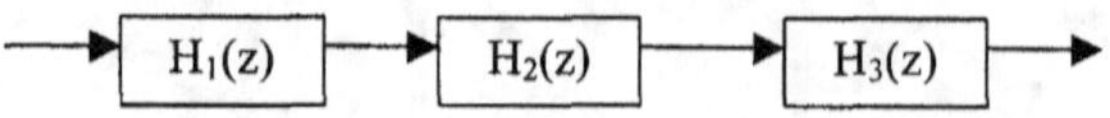

```
→ H₁(z) → H₂(z) → H₃(z) →
```

Figura 2-39

2.15.2. Estructura en Paralelo

Se descompone el sistema por exposición en fracciones simples en una suma de subsistemas donde por resultado es:

$$H_{(z)} = C + \sum_{k=1}^{N} \frac{Ak}{1 - p_k z^{-1}}$$

Se genera un banco de filtros en paralelo.

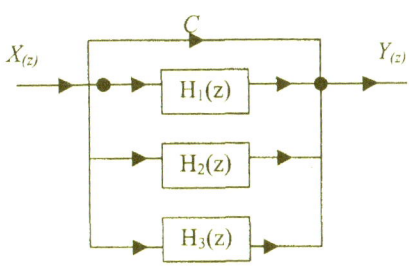

Figura 2-40

2.15.3. Estructura en Celosía

Es ahora de realimentación, sin mucho comentario la forma es:

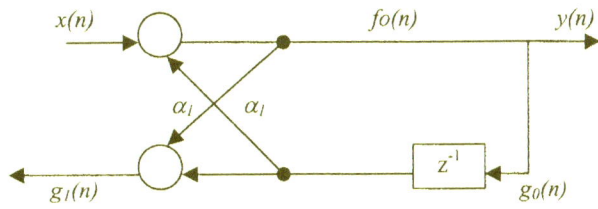

Figura 2-41

$$f_0(n) = x(n) + \alpha_1 y(n-1) = y(n)$$
$$g_1(n) = \alpha_1 y(n) + y(n-1)$$

2.16. Formas Implementadas con Matlab

En general la expresión de filtros es:

$$H(z) = \frac{bo + b_1 z^{-1} + ... + b_N z^{-N}}{1 + a_1 z^{-1} + ... + a_N z^{-N}} = bo \frac{1 + b_1/b_o z^{-1} + ... + b_N/b_o z^{-N}}{1 + a_1 z^{-1} + ... + a_N z^{-N}}$$

$$H(z) = bo \prod_{k=1}^{K} \frac{1 + B_{k,1} z^{-1} + B_{k,2} z^{-2}}{1 + A_{k,1} z^{-1} + A_{k,2} z^{-2}}$$

Donde $K = N/2$ y $B_{k,i}$; $A_{k,i}$ son números reales que representan los coeficientes de segundo orden de las secciones bicuadradas en cascada.

$$H_k(z) = \frac{Y_{k-1}(z)}{Y_k(z)} = \frac{1 + B_{k,1} z^{-1} + B_{k,2} z^{-2}}{1 + A_{k,1} z^{-1} + A_{k,2} z^{-2}} \quad ; \quad k = 1,2,3...K$$

Con

$$Y_1(z) = bo\, X(z) \qquad Y_{k+1}(z) = Y(z)$$

Cada sección bicuadrada puede implementarse en forma directa II:

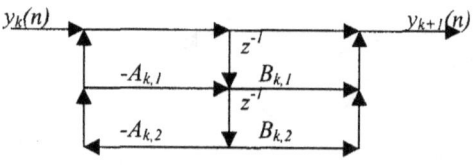

Figura 2-42

Por ejemplo para IIR de $N=4$ resulta:

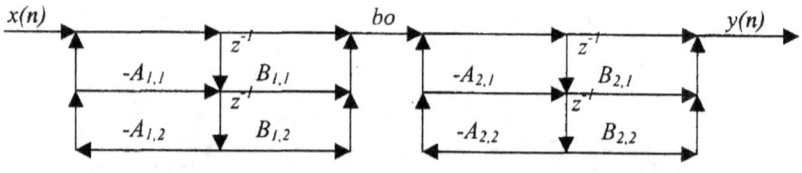

Figura 2-43

Dado los coeficientes *{bn}* y *{an}* de la forma directa, se pueden obtener *bo* ; *{B_{k,i}}* y *{A_{k,i}}* mediante la función del Matlab **dir2cas**. Esta función convierte los vectores *b* y *a* en matrices *A* y *B* de Kx3. Calcula las raíces de los polinomios *B(z)* y *A(z)*.

Usando la función **cplxpair** estas raíces son ordenadas en pares complejas conjugadas. Cada par de raíces complejas es convertida de nuevo en numeradores o denominadores de segundo orden usando la función **poly**.

La forma de cascada es implementada usando la función **casfiltr** como se describe en los ejemplos. Se emplea la función **filter** en un loop usando los coeficientes de cada bicuadrada almacenada en las matrices *A* y *B*. La entrada es escaleada por *bo* y la salida de cada filtro es utilizando como una entrada de una nueva operación de filtrado.

Ejemplo 1

Un filtro es descripto por la Edd:

$$16y(n)+12y(n-1)+2y(n-2)-4y(n-3)-y(n-4) = x(n)-3x(n-1)+11x(n-2)-27x(n-3)+18x(n-4)$$

Determine la estructura en cascada.

```
%  Ejemplo 1 - Capítulo 1
% Conversión a la forma cascada
%
b = [1,-3,11,-27,18]; a = [16,12,2,-4,-1];
[b0,B,A] = dir2cas(b,a)
format long; delta = impseq(0,0,7);
hpar = casfiltr(b0,B,A,delta)
hdir = filter(b,a,delta)
```

2.16.1. Forma Directa/Paralela con Matlab

El sistema $H(z)$ es escrita como suma de secciones de 2do. orden utilizando expansión en fracciones simples (o parciales).

$$H(z) = \frac{B(z)}{A(z)} = \frac{bo + b_1 z^{-1} + ... + b_M z^{-M}}{1 + a_1 z^{-1} + ... + a_N z^{-N}}$$

Si $M>N$ se divide, y resulta

$$H(z) = \frac{bo + b_1 z^{-1} + ... + b_M z^{1-N}}{1 + a_1 z^{-1} + ... + a_N z^{-N}} + \sum_{k=0}^{M-N} C_k z^{-k}$$

Expandiendo

$$H(z) = \sum_{k=1}^{K} \frac{B_{k,0} + B_{k,1} z^{-1}}{1 + A_{k,1} z^{-1} + A_{k,2} z^{-2}} + \sum_{k=0}^{M-N} C_k z^{-k}$$

Donde $K=N/2$ y los $B_{k,i}$ y $A_{k,i}$ son reales.

Una sección de esta suma es de la forma:

$$H(z) = \frac{Y_{k+1}(z)}{Y_k(z)} = \frac{B_{k,0} + B_{k,1} z^{-1}}{1 + A_{k,1} z^{-1} + A_{k,2} z^{-2}} \; ; \quad para \; k = 1,2,...K$$

Con

$$Y_k(z)=H_k(z).X(z)$$

resulta

$$Y(z) = \sum Y_k(z) \quad si \; M<N$$

La salida es alcanzada por toda sección bicuadrática así como la correspondiente al cociente si $M>N$

Por ejemplo considerando $M=N=4$ se muestra una estructura en paralelo del tipo IIR.

La función dir2par convierte los coeficientes $\{bn\}$ y $\{an\}$ en los coeficientes paralelos $\{B_{k,i}\}$ y $\{A_{k,i}\}$;

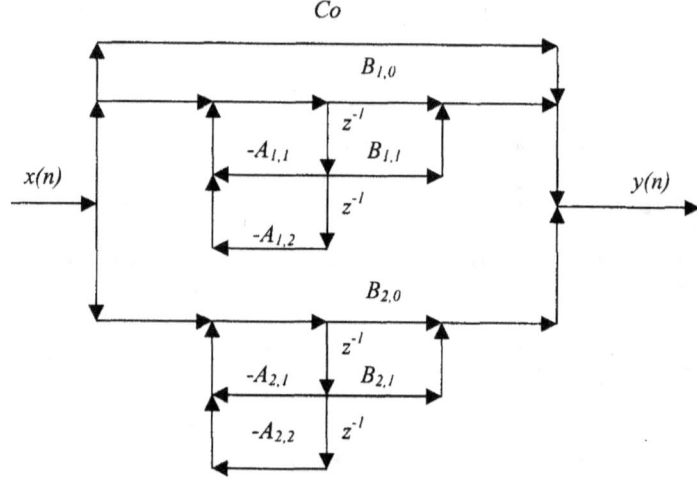

Figura 2-44

Ejemplo 2

```
%     Ejemplo 2 - Capítulo 1
% Conversión en paralelo
%
b = [1,-3,11,-27,18]; a = [16,12,2,-4,-1];
[C,B,A] = dir2par(b,a)
format long; delta = impseq(0,0,7);
hpar = parfiltr(C,B,A,delta)
hdir = filter(b,a,delta)
[b1,a1] = par2dir(C,B,A)
```

Problemas

Muestre que le circuito que se dibuja a continuación, actúa como un Roc.

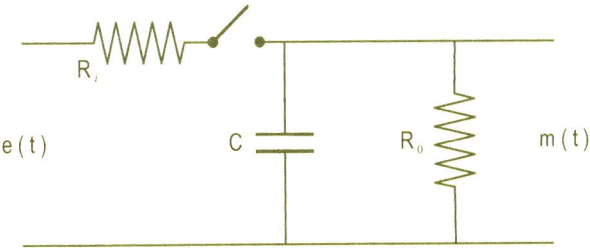

Con $R_i << R_o$

Problema 2

Obtenga la función de transferencia impulso mediante dos métodos de:

$$X(s) = \frac{s+3}{(s+1)(s+2)}$$

Problema 3

Considere la Eed

$$y(k+1)+0,5y(k)=x(k)$$

donde $y(0)=0$. Obtenga $y(k)$ cuando $x(k)$ es una sucesión $u(k)$. Use Matlab.

Problema 4

Encuentre una solución para las ecuaciones en diferencia mostradas abajo con las condiciones iniciales dadas, por solución manual y con Matlab. Compare resultados y saque conclusiones.

$$a)\ y_{(n)} + 2y_{(n-1)} + y_{(n-2)} = 0$$

$$y_{(0)} = 1 \qquad y_{(1)} = 0$$

$$b)\ y_{(n)} + y_{(n-1)} + 2y_{(n-2)} = 0$$

$$y_{(-1)} = 1 \qquad y_{(0)} = 1$$

Problema 5

Determine la respuesta de los filtros descriptos por:

$$y_{(n)} = x_{(n-2)} + x_{(n-1)} + x_{(n)}$$

Si la entrada fuera: $x_{(n)} = sen\,(\omega T.n)\,.\,u_{(n)}$ Obtenga el módulo y fase de $y_{(n)}$.

Problema 6

Obtenga la $x(kT)$ si: use la integral de inversión y el Matlab. T=0,1.

$$a) \quad X(z) = \frac{1 + 6z^{-2} + z^{-3}}{(1 - z^{-1})(1 - 0,2z^{-1})}$$

$$b) \quad X(z) = \frac{z^{-1}(1 - z^{-2})}{(1 + z^{-2})^2}$$

$$c) \quad X(z) = \frac{0,368z^2 + 0,478z + 0,154}{(z-1)z^2}$$

Problema 7

Determine si los siguientes sistemas caracterizados por las ecuaciones en diferencia de abajo, son causales y/o invariantes en el tiempo.

$$a)\ y_{(n)} = (nT + aT)\,x_{(nT-4T)}$$

$$b)\ y_{(n)} = a\,x_{(nT+T)}$$

$$c)\ y_{(n)} = x^2\,(nT + T)$$

$$d)\ y_{(n)} = x_{(nT)}\ sen\,(\omega nT)$$

Problema 8

Calcule la respuesta en frecuencia de un sistema que posee la siguiente respuesta impulsiva:

$$h_{(m)} \begin{cases} 1 & |n| \leq N-1 \\ 0 & otro\ n \end{cases}$$

Problema 9

En la conversión de una señal discreta en continua los conversores D/A reales, en vez de generar impulsos en la salida generan pulsos rectangulares como los mostrados. Cual es la respuesta en frecuencia ideal para el filtro para bajo de forma de compensar la distorsión introducida por el conversor D/A:

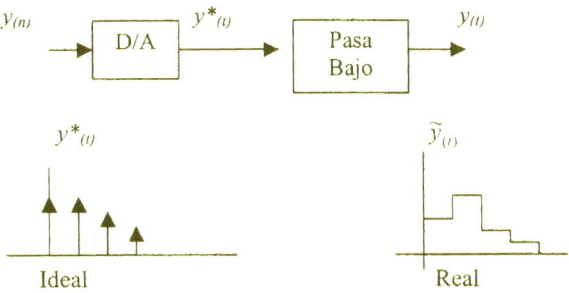

Problema 10

Calcule y grafique la respuesta en frecuencia (módulo y fase) de los sistemas discretos en el tiempo descriptos por las ecuaciones.

$a)\ y_{(n)} = x_{(n)} + 2x_{(n-1)} + 3x_{(n-2)} + 2x_{(n-4)} + x_{(n-5)}$

$b)\ y_{(n)} = y_{(n-1)} + x_{(n)}$

$c)\ y_{(n)} = x_{(n)} + 3\ x_{(n-1)} + 2\ x_{(n-2)}$

Problema 11

Obtenga la función de transferencia de los siguientes sistemas:

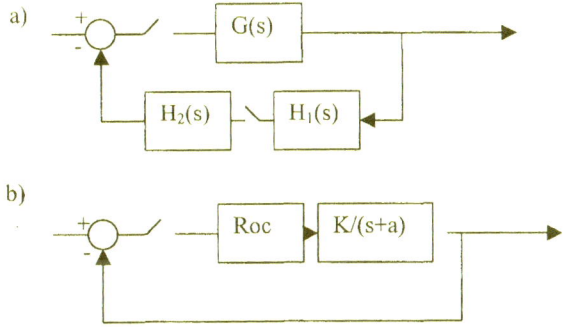

c)

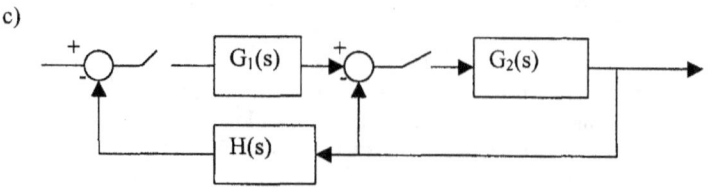

Problema 12

Considere al sistema:

$$G(z) = \frac{1 - 0,5z^{-1}}{(1 - 0,3z^{-1})(1 + 0,7z^{-1})}$$

Obtenga la respuesta a una entrada $u(k)$. También obtenga la solución mediante el Matlab.

Problema 13

Obtenga la respuesta $y(k)$ del sistema:

$$\frac{Y(s)}{X^*(s)} = \frac{1}{(s+1)(s+2)}$$

donde $x(t)$ es $u(t)$ y $x^*(t)$ su versión muestreada. Suponga T=0,1 seg.

Problema 14

Suponga un filtro digital que posee la siguiente Eed:

$$y(k) + a_1 y(k-1) + a_2 y(k-2) = b_1 x(k) + b_2 x(k-1)$$

Dibuje el diagrama en bloque mediante la forma directa y la forma de escalera.

Problema 15

Sea

$$G(z) = \frac{2 + 2,2z^{-1} + 0,2z^{-2}}{1 + 0,4z^{-1} - 0,12z^{-2}}$$

realice el filtro digital en esquema serie, paralelo y en escalera.

Problema 16

Presente dos realizaciones posibles para las funciones de transferencia dadas:

$a)$ $H_{(z)} = \dfrac{z^2 - 1,349\,z + 1}{z^2 - 1,919\,z + 0,923} \, x \, \dfrac{z^2 - 1,889\,z + 1}{z^2 - 1,937\,z + 0,952} \, x \, \dfrac{z^2 - 1,934\,z + 1}{z^2 - 1,961\,z + 0,985}$

$b)$ $H_{(z)} = 0,0034 + 0,0149\,z^{-1} + 0,0106\,z^{-2} + 0,002\ z^{-3} + 0,0025\,z^{-4} + 0,0106\,z^{-5}$
$\qquad\ +\, 0,00149\,z^{-6} + 0,0034\,z^{-7}$

Problema 17

Escriba las ecuaciones que describen los diagramas de flujo siguiente:

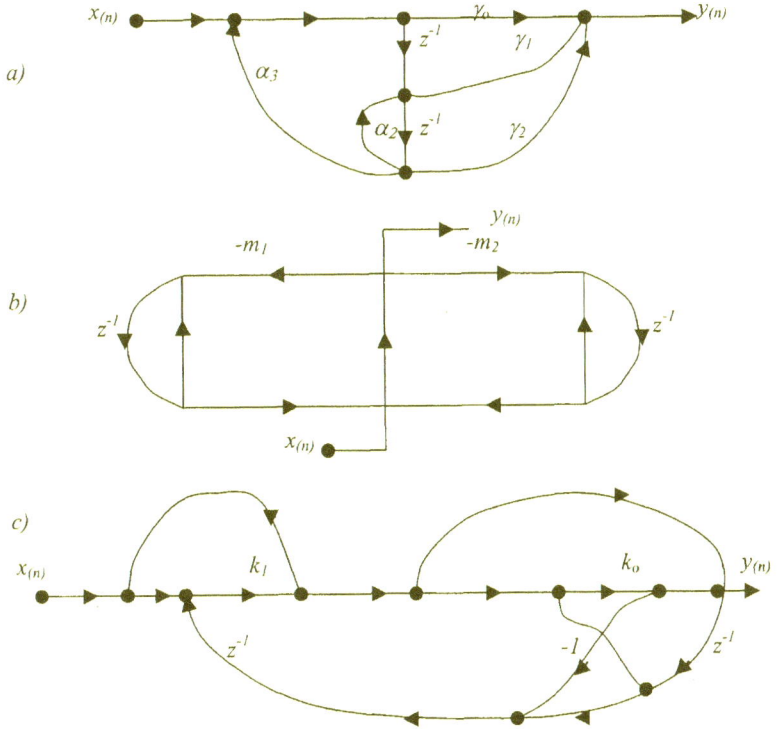

Problema 18

Calcule la función de transferencia de los circuitos de arriba (puede usar Mason)

Problema 19

Describa a los sistemas del problema 2 mediante la formulación de variables de estado.

3

Análisis y Diseño por Métodos Convencionales

3.1. Correspondencias del Plano S con el Plano Z

A fin de predecir el comportamiento de sistemas discretos, así como realizar diseños con parámetros estandares propios de definiciones en tiempo continuo y ya internacionalmente usados, es importante relacionar s con z.

La vinculación que puede interpretarse como una transformación de la forma:

$$z = e^{sT}$$

con T tiempo de muestreo.

s es la frecuencia compleja y en general se le asigna:

$$s = \sigma + j\omega,$$

así:

$$z = e^{\sigma T} . e^{j\omega T}$$

vemos que esta ecuación cumple que:

$$e^{j\omega T} = e^{j(\omega T + 2\pi k)}$$

siendo k un entero, implica que para cada valor de z existen infinitos valores de s donde difieren un múltiplo de 2π su fase.

$$z = e^{\sigma T} e^{j(\omega T + 2\pi k)} = r e^{j\Omega} \qquad \text{con } \Omega = \omega T \text{ frecuencia digital}$$

El semi plano izquierdo en s que corresponde a $\sigma < 0$ hace que

$$r = |z| = e^{\sigma T} < 1 .$$

El SPI en s corresponde al circulo de radio menor que uno en z.

El

$$\angle z = \omega T + 2\pi k$$

Conforme que ω se mueve desde $(-1/2)\omega_s$ hasta $(1/2)\omega_s$ siendo $\omega_s=2\pi/T$ la frecuencia de muestreo, z traza una circunferencia unitaria.

Entonces si ω se mueve desde $-\infty$ hasta ∞ la circunferencia unitaria se recorre infinitas veces. Esto determina franjas en el plano s que se transforman en círculos en z.

La franja entre $(-j1/2)\omega_s$ hasta $(j1/2)\omega_s$ es denominada primaria o principal y las otras son las franjas complementarias.

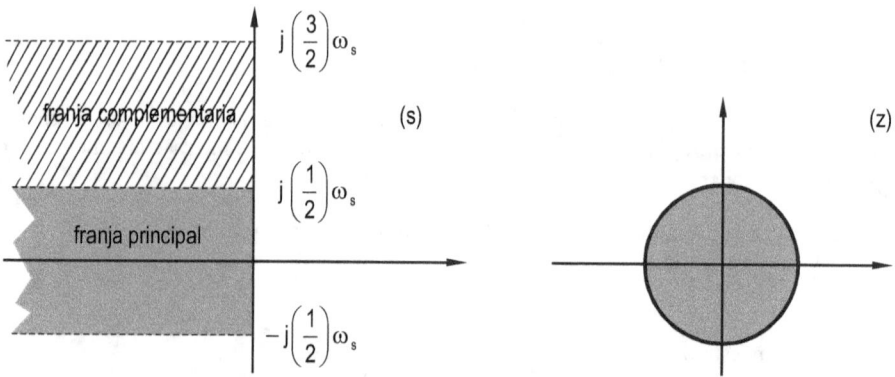

Figura 3-1

El recorrido por la franja primaria queda expresado en la siguiente figura:

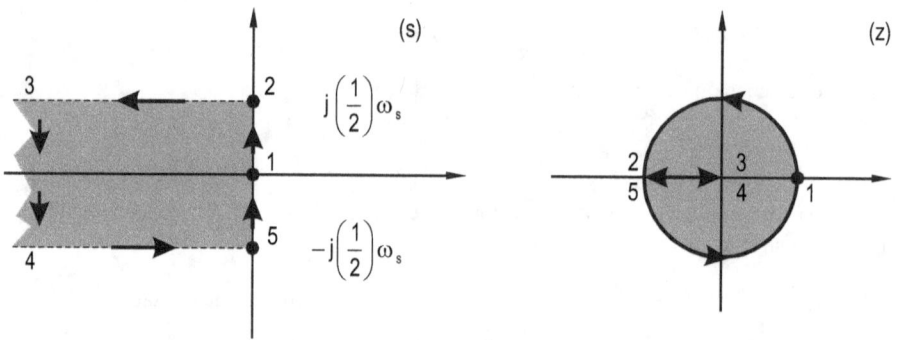

Figura 3-2

3.1.1. Lugar de factor de amortiguamiento σ constante

Las líneas de atenuación constantes en s corresponden a círculos en z con radios $r=e^{\sigma T}$

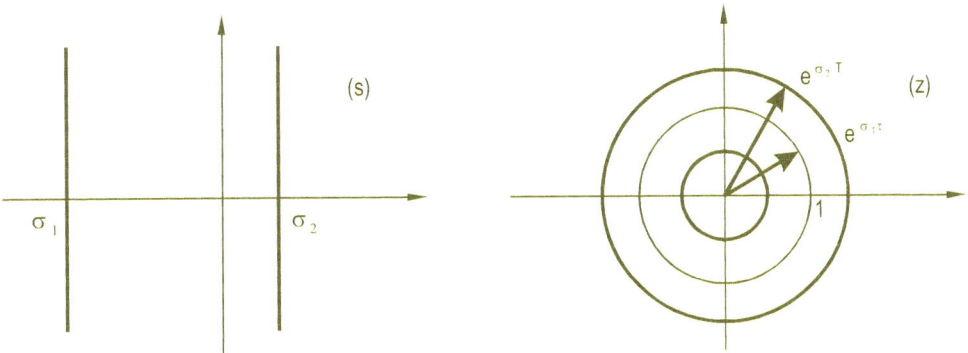

Figura 3-3

3.1.2. Lugar de ω constante

En el plano z para ω constante define una frecuencia digital $\Omega_l = \omega_l T$ que es un ángulo.

Si

$$\omega = \frac{\omega_s}{2} = \frac{2\pi}{2T} = \frac{\pi}{T} \Rightarrow \Omega = \pi$$

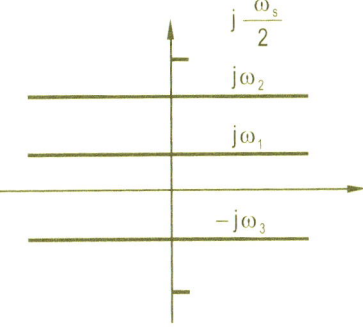

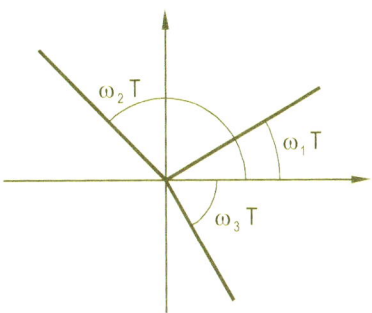

Figura 3-4

3.1.3. Lugar de razón de amortiguamiento ξ constante

Una línea de ξ constante es una radial en el plano s, y en z corresponde a una espiral logarítmica:

Pues un punto en s como P tiene las coordenadas:

$$P = \sigma_1 + j\omega_1 = -\xi\omega_0 + j\omega_0\sqrt{1-\xi^2} = -\xi\omega_0 + j\omega_d$$
$$z = e^{-\xi\omega_0 T} \cdot e^{j\omega_d T}$$

con $T = \dfrac{2\pi}{\omega_s}$ entonces

$$\angle z = 2\pi \frac{\omega_d}{\omega_s}; \qquad |z| = e^{-2\pi \frac{\xi}{\sqrt{1-\xi^2}} \frac{\omega_d}{\omega_s}}$$

Que graficando en modulo y ángulo con zita constante para $\dfrac{\omega_d}{\omega_s}$ variando entre 0 y ½ genera una porción de espiral como la indicada:

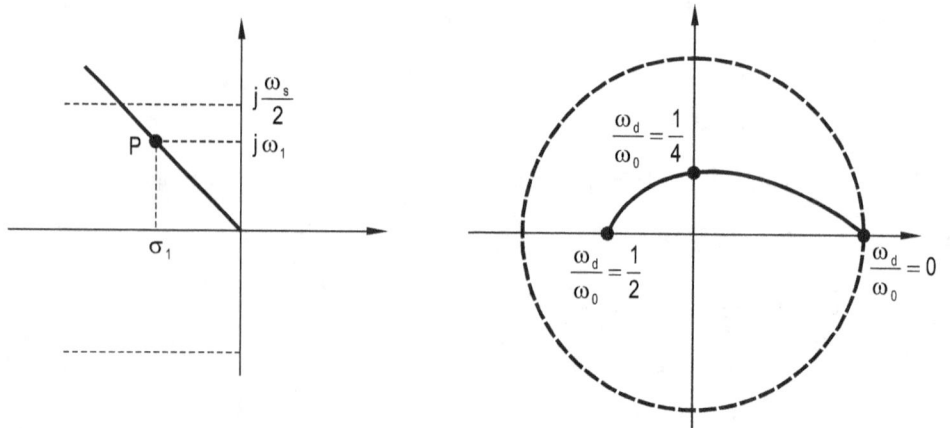

Figura 3-5

3.1.4. Lugar de ω_0 constante

El lugar de ξ constante son normales a los lugares geométricos de ω_0 constante, en el plano s:

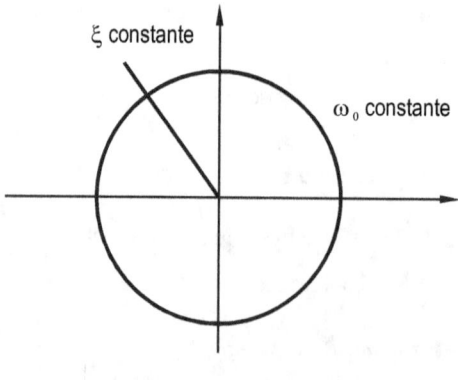

Figura 3-6

Como la transformación de s a z es conforme, existe conservación de ángulos, luego los lugares de ω_0 constante cortan a las espirales logarítmicas en forma perpendicular:

3.1.5. Lugar de ξ y ω_0 constante

En un sistema canónico de 2do orden en tiempo continuo, donde se han definido ξ y ω_0 con una expresión general de transferencia:

$$\frac{\omega_0^2}{s^2 + 2\xi\omega_0 s + \omega_0^2}$$

Con sus polos en:

$$-\varsigma\omega_0 \mp j\omega_0\sqrt{1-\varsigma^2}$$

al discretizarlo aparecen los polos en $e^{-\xi\omega_0 T \pm j\omega_0\sqrt{1-\xi^2}T}$.

Lo que conduce a una ecuación característica de la forma $z^2 + a_1 z + a_2 = 0$ donde

$$a_1 = -2e^{-\xi\omega_0 T}\cos\left(\sqrt{1-\xi^2}\,\omega_0 T\right)$$

$$a_2 = e^{-2\xi\omega_0 T}$$

La siguiente figura permite la conversión de estos polos.

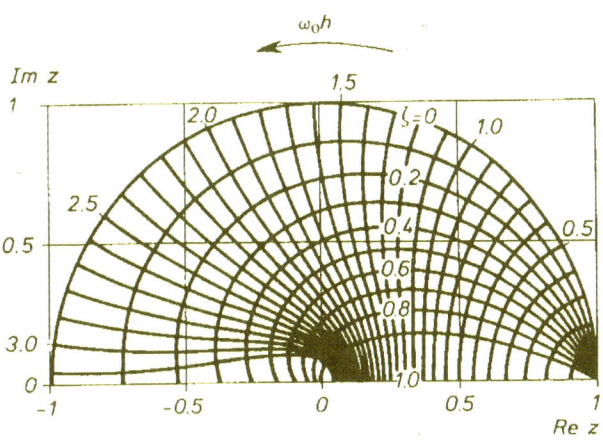

Figura 3-7

Resumen

La relación $z = e^{sT}$, transforma la mitad izquierda del plano s al círculo unitario en el plano z, la aplicación no es biyectiva, varios puntos del plano *s* se aplican sobre el mismo punto del plano *z*.

3.1.6. Un abordaje con Matlab

Construcción del lugar de zita constante, denominado p en este caso p=0,5 y superpuesto la circunferencia unitaria

```
» clear
 x=0:0.01:0.5;
 p=0.5;
 z=exp((-2*pi*p/(1-p^2))*x+j*2*pi*x);
 plot(real(z),imag(z),'g'), hold on
 g=0:0.01:2*pi;
 u=sin(g);
 v=cos(g);
 plot(u,v,'r'),grid
```

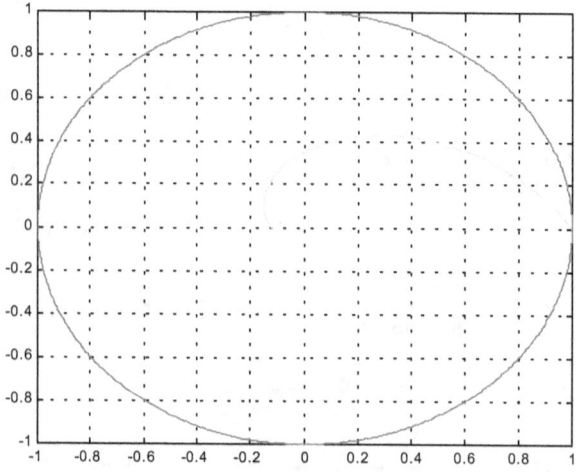

Figura 3-8

Ahora podemos superponer el lugar de raíces y de esta manera tenemos los "grafos" que necesitamos para el diseño, si usamos " zgrid" ya nos dibuja la grilla disreta.

```
num=[0, ... ];
den=[... ];
rlocus(num,den,'b'), zgrid
Axis scales auto-ranged
title('lugar de raices'), xlabel('real z'),ulabel('imag z')
```

3.2. Análisis de la Estabilidad en z

Sea:

$$\frac{C(z)}{R(z)} = \frac{G(z)}{1+GH(z)}$$

la ecuación característica es $P(z) = 1+GH(z) = 0$.

1. Las raíces de $P(z)$ deben estar dentro del círculo unitario en el plano z.

2. Si un polo es simple presenta $/z/=1$ es sistema es críticamente estable.

3. Si el polo fuera múltiple y $/z/=1$ es entonces inestable

4. Los ceros no afectan la estabilidad

Los métodos que se pueden aplicar para el estudio de la estabilidad son básicamente:

a)   resolver las raíces del $P(z)$, dada a las posibilidades computacionales, calcular las raíces de la ecuación $P(z)=0$ es un método muy bueno y permite conocer al sistema con mayor profundidad que otros métodos de análisis de la estabilidad.

b)   La transformada bilineal y la aplicación de Routh. (Este método es utilizado si se diseña con la transformada bilineal).

c)   El método de Jury

d)   El segundo principio de Liapunov, que lo estudiaremos en cuanto realicemos el análisis y diseño en el espacio de estados.

3.2.1. La Transformada Bilineal en el Estudio de la Estabilidad Absoluta

Los métodos basados en el estudio de las raíces del polinomio característico como el de Routh Hurwitz, permite determinar si el polinomio tiene ceros en el semiplano izquierdo y son aplicados en sistemas de tiempo continuo, vamos aprovechar estos algoritmos y aplicarlos en dominio del tiempo discreto.

Puede aplicarse en la transformación de Möbius haciendo, lo que se denomina transformada r :

$$z = \frac{r+1}{r-1}$$

entonces:

$$r = \frac{z+1}{z-1}$$

esta expresión, aplica el círculo unidad del plano z en el semiplano izquierdo del plano r

pues si denominamos a $r=x+jy$ resulta:

$$|z| = \left|\frac{r+1}{r-1}\right| = \left|\frac{x+jy+1}{x+jy-1}\right| \le 1; \qquad \frac{(x+1)^2+y^2}{(x-1)^2+y^2} \le 1$$

Se mantiene este módulo menor que uno implica que x es menor que cero, con cualquier valor, luego el interior del circulo de radio uno en z lo transforma en el semiplano izquierdo en el plano *r*.

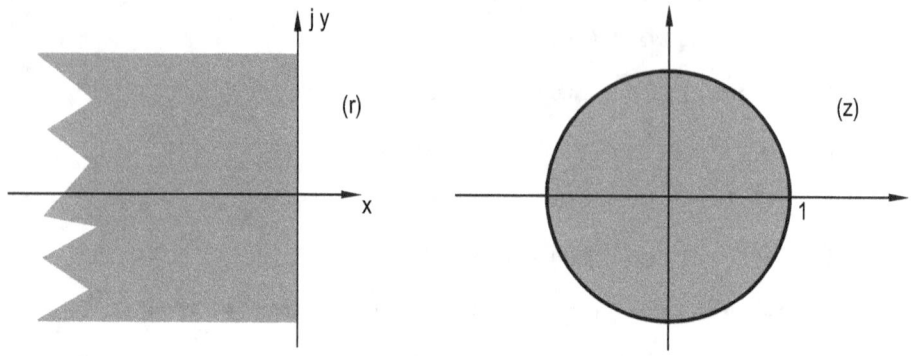

Figura 3-9

Se puede aplicar esta transformación y luego Routh-Hurwitz sobre el polinomio en *r*

Por Ejemplo:

Sea el polinomio característico

$$P(z) = z^3 + az^2 + bz + c$$

reemplazando $z - 1 = r(z+1)$ $\Rightarrow$ $z(1-r) = r+1$ ó lo que es lo mismo $z = \dfrac{r+1}{1-r}$

$$\left(\frac{r+1}{1-r}\right)^3 + a\left(\frac{r+1}{1-r}\right)^2 + b\left(\frac{r+1}{1-r}\right) + c = 0$$

resolviendo esta suma sacando un común denominador e igualando a cero el polinomio numerador se puede aplicar Routh.

Tanto Schur, Cohm como Jury desarrollaron criterios que son sistemáticos y más simples que la transformación de Möbius.

3.2.1. Criterio de Jury

Sea un polinomio de la forma

$$P(z) = a_0 z^n + a_1 z^n - 1 + \cdots + a_n$$

Para saber si posee raíces dentro del círculo unitario se emplea la siguiente prueba

$$\left.\begin{array}{ccccc} a_0 & a_1 & \cdots & a_{n-1} & a_n \\ a_n & a_{n-1} & \cdots & a_1 & a_0 \end{array}\right\} \quad \alpha_n = \frac{a_n}{a_0}$$

$$\left.\begin{array}{cccc} a_0^{n-1} & a_1^n & \cdots & a_{n-1}^{n-1} \\ a_{n-1}^{n-1} & a_{n-2}^{n-1} & \cdots & a_0^{n-1} \end{array}\right\} \quad \alpha_{n-1} = \frac{a_{n-1}^{n-1}}{a_0^{n-1}}$$

$$\vdots$$

$$\underline{a_0^0}$$

donde

$$a_i^{k-1} = a_i^k - \alpha_k a_{k-i}^k$$

$$\alpha_n = \frac{a_k^k}{a_0^k}$$

La primera y segunda fila son los coeficientes del polinomio en orden directo e inverso. La tercera fila se obtiene multiplicando la segunda por $\alpha_n = \frac{a_n}{a_0}$ y restando esta de la primera.

La cuarta fila es la tercera en orden inversa. Se repite este procedimiento $n-1$ veces hasta que quede un elemento.

Teorema

Si $a_0 > 0$, el polinomio tiene todas sus raíces dentro del circulo unitario si solo si todos los a_0^k, $k = 0, 1, \cdots, n-1$ son positivos.

Si ningún a_0^k es nulo, entonces los números de a_0^k negativo es igual al número de raíces fuera del círculo unitario.

Si los a_0^k son positivos para $k = 0, 1, \cdots, n-1$ la condición $a_0^0 > 0$ es equivalente a

$$P(1) > 0$$

$$(-1)^n P(-1) > 0$$

$$P(z) = z^2 + a_1 z + a_2$$

Ejemplo

$$\left.\begin{array}{ccc} 1 & a_1 & a_2 \\ a_2 & a_1 & 1 \end{array}\right. \qquad \alpha_2 = a_2$$

$$\left.\begin{array}{cc} 1-a_2^2 & a_1(1-a_2) \\ a_1(1-a_2) & 1-a_2^2 \end{array}\right. \qquad \alpha_3 = \frac{a_1}{1+a_2}$$

$$1 - a_2^2 - \frac{a_1^2(1-a_2)}{1+a_2}$$

Todas sus raíces están dentro del círculo unitario si

$$1 - a_2^2 > 0 \qquad\qquad\qquad\qquad [1]$$

$$\frac{1-a_2}{1+a_2}\left[(1+a_2)^2 - a_1^2\right] > 0 \qquad\qquad [2]$$

de [1] resulta $a_2^2 < 1$ o sea

$$a_2 < 1 \text{ y } a_2 > -1, \therefore \quad -1 < a_2 < 1.$$

de la [2] resulta

$$\frac{1-a_2}{1+a_2} > 0 \qquad\qquad \text{para} \qquad\qquad -1 < a_2 < 1$$

luego

$$(1+a_2)^2 - a_1^2 > 0 \quad \Rightarrow \quad (1+a_2)^2 > a_1^2$$

como $1 + a_2$ es > 0 por condición [1] resulta

$$\pm(1+a_2) > \pm a_1 \text{ implica } a_2 > a_1 - 1 \text{ y } a_2 > -a_1 - 1$$

3.3. Análisis del error de estado estacionario en sistemas discretos constantes de error

El análisis del error de estado estacionario se estudia mediante la función de transferencia del error y el teorema del valor final (TVF) aplicado a la transformada z.

Sea el sistema

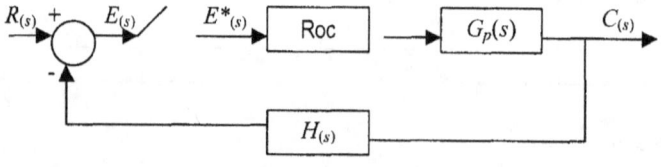

Figura 3-10

$$e(t) = r(t) - b(t) \qquad\qquad e^*_{ss} = \lim_{t \to \infty} e^*(t) = \lim_{k \to \infty} e(kh)$$

$$E(s) = R(s) - B(s) \; ; \quad B(s) = H(s)C(s)$$

$$B(s)=H(s).G(s).E*(s) \; ; \qquad B*(s)=GH*(s).E*(s)$$

$$E*(s)=R*(s)-B*(s)=R*(s)-GH*(s)E*(s)$$

$$E*(s) = \frac{R*(s)}{1+GH*(s)}$$

Por aplicación del T V F, entonces si

$$E(z) = \frac{R(z)}{1+GH(z)}$$

resulta:

$$e*_{ss} = \lim_{z \to 1}(1-z^{-1})E(z)$$

Siempre que $(1-z^{-1})E(z)$ no posea polos fuera de la circunferencia unitaria, $|z|=1$ en el plano z.

Nota: El error en estado estacionario entre instantes de muestreo puede obtenerse con la transformada z modificada.

$$\lim_{k \to \infty} e(kT,m) = \lim_{z \to 1}(1-z^{-1})E(z,m) \qquad\qquad 0 \le m \le 1$$

Como en el caso continuo el error de régimen depende de la entrada *R(z)* y de las cualidades del sistema en lazo abierto *GH(z)*.

Las entradas típicas son el escalón, la rampa y la parábola.

3.3.1. Error debido a una entrada escalón

$$r(t)=u(t) \leftrightarrow R(z) = \frac{z}{z-1}$$

$$e^*_{ss} = \lim_{z \to 1} \frac{1}{1+GH(z)} = \frac{1}{1+\lim_{z \to 1}GH(z)}$$

Se define la constante de error discreta para el escalón como

$$K^*_p = \lim_{z \to 1} GH(z) \qquad\qquad e^*_{ss} = \frac{1}{1+K^*_p}$$

Para que el e^*_{ss} sea nulo es necesario que $Kp^* \to \infty$ lo cual exige que $GH_{(z)}$ posea al menos un polo en $z=1$.

3.3.2. Error debido a una rampa de pendiente unitaria

Si

$$r(t) = t \cdot u(t) \quad \rightarrow \quad R(z) = \frac{Tz}{(z-1)^2}$$

$$e_{ss}^* = \lim_{z \to 1} \frac{T}{(z-1)[1+GH(z)]} = \frac{1}{\lim_{z \to 1} \frac{(z-1)}{T} GH(z)}$$

La constante de error para una rampa se define.

$$K_v^* = \frac{1}{T} \lim_{z \to 1} \left[(z-1)GH(z) \right] \qquad\qquad e_{ss}^* = \frac{1}{K_v^*}$$

3.3.2. Error debido a una parábola

Si

$$r_{(t)} = \frac{t^2}{2} u(t) \quad \rightarrow \quad R(z) = \frac{T^2 z(z+1)}{2(z-1)^3}$$

resulta

$$e_{ss}^* = \frac{T^2}{2} \lim_{z \to 1} \frac{(z+1)}{(z-1)^2 [1+GH(z)]} = \frac{1}{\lim_{z \to 1} \frac{(z-1)^2}{T^2} GH(z)}$$

$$K_a^* = \frac{1}{T^2} \lim_{z \to 1} \left[(z-1)^2 GH(z) \right] \qquad\qquad e_{ss}^* = \frac{1}{K_a^*}$$

3.3.3. Tabla Resumen de Errores

	Salto unitario	Rampa t	Parábola $\dfrac{t^2}{2}$
TIPO 0	$e_{ss}^* = \dfrac{1}{1+K_p}$ $K_p^* = \lim_{z \to 1} GH(z)$	∞	∞
TIPO 1	0	$e_{ss} = 1/K_v$ $K_v^* = \dfrac{1}{T} \lim_{z \to 1} \left[(z-1)GH(z) \right]$	∞
TIPO 2	0	0	$e_{ss} = 1/K_a$ $K_a = \dfrac{1}{T^2} \lim_{z \to 1} \left[(z-1)^2 GH(z) \right]$

3.4. Lugar de Raíces

El lugar de las raíces se obtiene de manera directa a partir de las propiedades que exhiben los sistemas de tiempo discreto.

La función de transferencia a lazo abierto $GH(z)$ la expresamos con el factor multiplicativo de modo

$$GH(z) = K.GH_1(z)$$

Las raíces de la ecuación característica deben satisfacer la condición

$$1 + K.GH_1(z) = 0$$

ó

$$GH_1(z) = -\frac{1}{K}$$

Condición de módulo

$$|GH_1(z)| = \frac{1}{K}$$

Condición de angular   para

$$K \geq 0; \qquad \angle GH_1(z) = (2k+1)\pi$$

y si

$$K \leq 0; \qquad \angle GH_1(z) = 2k\pi \qquad\qquad\qquad k = 0, \pm1, \pm2, \ldots$$

En general $K > 0$ y el ángulo de $GH_1(z)$ es un múltiplo impar de π.

3.4.1. Resumen de propiedades del lugar de raíces

1. **Puntos $K = 0$.**   Los puntos de partida $K = 0$ están en los polos de $GH_1(z)$. Incluye a   los polos al infinito.

2. **Puntos $K = \infty$**   Los puntos de llegada $K \to \infty$ está sobre los ceros de $GH_1(z)$. Incluye a ceros en el infinito.

3. **Número de lugares separados.** Es igual al número de polos P o de ceros Z de $GH_1(z)$, el que sea mayor de los dos.

4. **Simetría de los lugares.** Los lugares son simétricos con respecto al eje de simetría de los polos y ceros.

5. **Asíntotas de los lugares de las raíces.** Para z grande el lugar de las raíces es asintótico y tiene como asíntotas, líneas rectas, cuyos ángulos están dados por

$$\theta_k = \frac{(2k+1)\pi}{|P-Z|} \qquad\qquad k = 0, 1, 2, \cdots, |P-Z|$$

P y Z es el número de polos y ceros de $GH_1(z)$.

6. **Intersección de las asíntotas.**

La intersección de las asíntotas se encuentra solo en el eje real del plano z.

La intersección de las asíntotas en el eje real está dado por

$$\sigma_1 = \frac{\sum \text{parte real de los polos} - \sum \text{parte real de los ceros}}{P - Z}$$

7. **Lugares de las raíces sobre el eje real.**

Existen lugares sobre el eje real del plano z, solo si el número total de polos y ceros reales de $GH_1(z)$ a la derecha de la sección es impar.

8. **Angulos de partida y llegada.**

El ángulo de partida de un polo o de llegada al cero de $GH_{(z)}$ se puede obtener si se toma el punto z_1 sobre el lugar asociado con el polo o cero y que esté muy próximo a éste, aplicando la ecuación

$$GH_1(z) = (2k + 1)\pi \qquad \text{si } k \geq 0$$

9. **Intersección del lugar de las raíces con el círculo unitario $|z| = 1$.**

Los valores de K y de z a la intersección del lugar con el círculo unitario $|z| = 1$ pueden obtenerse con una de las pruebas de estabilidad como Jury,

10. **Puntos de separación.**

Los puntos de separación de los lugares de las raíces son los puntos donde se encuentran las raíces repetidas. Se obtiene a partir de la ecuación

$$\frac{dGH_1(z)}{dz} = 0$$

11. **Valores de K sobre los lugares de las raíces.**

El valor de K en cualquier punto z_1 sobre el lugar se obtiene a partir de la ecuación de módulo

$$|K| = \frac{1}{|GH_1(z_1)|} = \frac{\text{producto de longitudes de los vectores que van desde los polos} GH_1(z_i) \text{ hasta } z_1}{\text{producto de longitudes de los vectores que van desde los ceros de} GH_1(z_i) \text{ hasta } z_1}$$

Ejemplo 1: Lugar de raíces

Para el sistema que se muestra, dibuje el lugar de raíces para el caso de tres períodos de muestreo: T=1 seg; T=2 seg y T=4 seg.

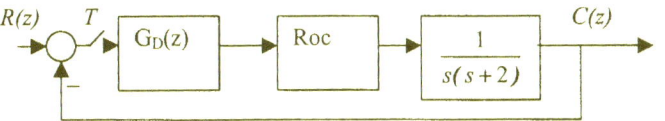

Figura 3-11

Primero obtenemos la transformada z de G(s) que resulta:

$$G(z) = Z\{\frac{1-e^{-sT}}{s} \cdot \frac{K}{s(s+1)}\} = (1-z^{-1})Z\{\frac{K}{s(s+1)}\} =$$

$$= \frac{K[(T-1+e^{-T})z^{-1}+(1-e^{-T}-Te^{-T})z^{-2}]}{(1-z^{-1})(1-e^{-T}z^{-1})}$$

Caso T=1 seg. entonces:

$$G(z) = \frac{0,3679K(z+0,7181)}{(z-1)(z-0,3679)}$$

El diagrama del lugar de raíces es según se muestra, en * .

El cálculo de K se realiza mediante la condición de módulo:

$$K = \left|\frac{(z-1)(z-0,3679)}{0,3679(z+0,7181)}\right|$$

que permite determinar un Kc= 2,3925.

Caso del período de muestreo de T=2 seg.:

$$G(z) = \frac{1,1353K(z+0,5232)}{(z-1)(z-0,1353)}$$

Lo que permite determinar un Kc= 1,4557

Caso del período de muestreo de T=4 seg.:

$$G(z) = \frac{3,0183K(z+0,3010)}{(z-1)(z-0,0183)}$$

Y esto determina un Kc=0,9653.

Conclusiones: el periodo de muestreo afecta la estabilidad y comportamiento del sistema.

```
p=0:0.01:2*pi;
 x=sin(p);
 y=cos(p);
 v=[-3 2 -2 2]; axis(v);
 plot(x,y,'-'), hold;
 plot(x,y,'-'), hold on;
n1=[0,1,0.7181].*0.3679;
d1=[1,-1.3674,0.3679];
```

```
n2=[0,1,0.5232]*1.1353;
 d2=[1,-1.1353,0.1353];
 n3=[0,1,0.3010]*3.0183;
 d3=[1,-1.0183,0.0183];
subplot(3,1,1),rlocus(n1,d1);
 subplot(3,1,2),rlocus(n2,d2);
 subplot(3,1,3),rlocus(n3,d3);
```

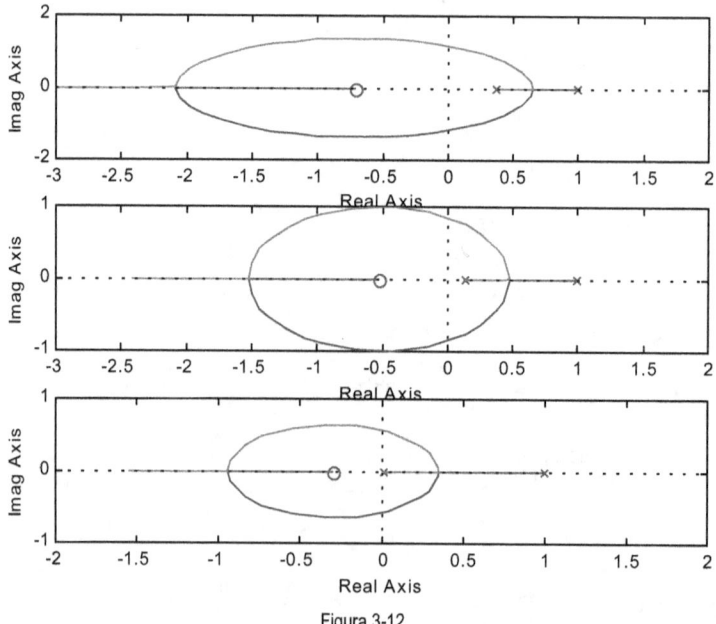

Figura 3-12

3.5. Diseño con el Lugar de Raíces

El adelanto de fases mejora los márgenes de estabilidad, aumenta el ancho de banda del sistema, mejora la respuesta en velocidad del sistema, sin embargo existe el problema de ruido en alta frecuencia.

El atraso de fase reduce la ganancia del sistema en altas frecuencias, reduce el ancho de banda y aumenta la ganancia total evitando los corrimientos lentos de la salida. Atenúa los ruidos de alta frecuencia.

Un controlador PID es un caso especial de un atrasador-adelantador de fases.

La acción del PD aumenta el ángulo de fases y mejora la estabilidad. Predomina el cero. El PD se comporta como un compensador de adelanto.

El PI afecta las bajas frecuencias, actúa como un atrasador de fases, predomina el polo.

3.5.1. Compensación en adelanto

1) Determine la posición deseada de los polos dominantes a lazo cerrado, esto de las especificaciones del diseño.

2) Grafique el lugar de raíces y verifique si con la ganancia no puede alcanzar los polos deseados. Si no puede calcule la diferencia de ángulo φ como: $\varphi = 180$ -(suma de los ángulos a los polos) + (suma de los ángulos a los ceros). Este φ es el que debe proporcionar el compensador.

3) Supuesto el compensador de función de transferencia como:

$$G_D(z) = K_D \alpha \frac{1+z\tau}{1+z\alpha\tau} = K_D \frac{z+1/\tau}{z+1/\alpha\tau} = K_D \frac{z+a}{z+b} \qquad 0 < \alpha < 1$$

Si no se especifica constante de error, ubique el compensador de forma que contribuya al ángulo φ. Si no se imponen otros requisitos tratar que α sea lo mas grande posible lo que da como resultado una constante K_v alta.

Determine la ganancia a lazo abierto a partir de la condición de módulo.

3.5.2. Compensación de atraso

1) Dibuje el gráfico del lugar de raíces para el sistema no compensado.

2) Determine en base a las especificaciones los polos deseados

Suponga que :

$$G_D(z) = K_D \beta \frac{1+z\tau}{1+z\beta\tau} = K_D \frac{z+1/\tau}{z+1/\beta\tau} = K_D \frac{z+a}{z+b} \qquad \beta > 1$$

3) Calcule la constante de error especificada

4) Determine el incremento de la constante de error para satisfacer las especificaciones

5) Determine el polo y el cero del compensador que produzca el incremento de la constante de error sin alterar mucho el lugar.

6) Ajuste la ganancia K_D a partir de la condición de módulo.

3.5.3. Ejemplo 2: Diseño por lugar de raíces

Sea el sistema:

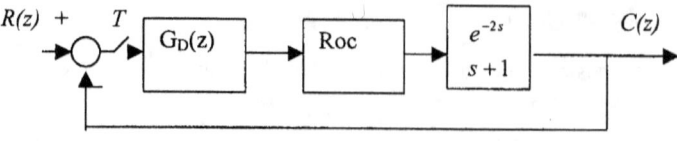

Figura 3-13

Diseñe $G_D(z)$ de forma que $\xi=0,5$ y $tr=2$ seg.   El $T=0,2$ seg

Obtenga la respuesta en escalón y la Kv del sistema.

a) De las especificaciones determinamos los polos deseados:

Si

$$tr = \frac{4}{\xi\omega_o} = 2 \quad \Rightarrow \omega_o = 4\,rd/seg$$

$$\omega_d = \omega_o\sqrt{1-\xi^2} = 3,464 \; rd/seg$$

Como $T=0,2$ seg esta satisfecha la frecuencia de muestreo ya que implica unos 9 muestras por ciclo.

Los polos deseados serán entonces:

$$z = e^{-\xi\omega_o T \pm j\omega_d T}; \quad |z| = e^{-\xi\omega_o T} = e^{-\frac{2\pi\xi}{\sqrt{1-\xi^2}}\cdot\frac{\omega_d}{\omega_s}}; \quad \angle z = T\omega_d = 2\pi\frac{\omega_d}{\omega_s}$$

b) Con ξ y ω_d calculamos:

$$|z| = e^{-0,40} = 0,6703; \quad \angle z = 39,69°; \quad z = 0,5158 + j0,4281$$

Ubicado este polo dominante, pedido, observamos en el diagrama del lugar de raíces cuan lejos estamos y si no es alcanzable con una modificación del factor de ganancia. Para el trazado del lugar debemos obtener la $G(z)$:

Con Matlab hacemos:

```
[A,B,C,D]=tf2ss(ns,ds);
[G,H]=c2d(A,B,Ts);
[nz,dz]=ss2tf(G,H,C,D);
roots(nz)
roots(dz)
```

Nota: ns y ds son numerador y denominador de G(s).

Graficando los polos y ceros resulta:

```
nz=[0,0.01758,0.01758*0.876];
dz=conv([1,-1],[1,-0.6703]);
rlocus(nz,dz),zgrid
```

$$G(z) = (1 - z^{-1})Z\{\frac{1}{s^2(s+2)}\} = \frac{0,01758(z+0,876)}{(z-1)(z-0,6703)}$$

c) Trazado del lugar:

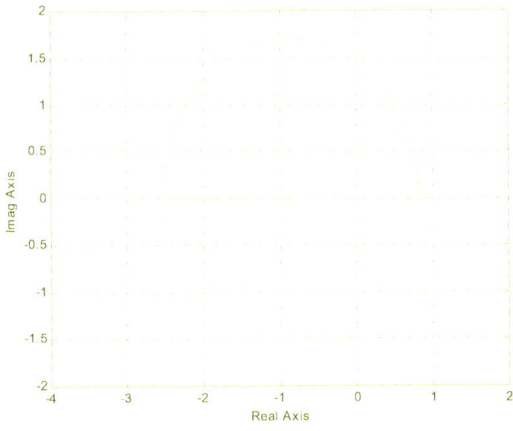

Figura 3-14

d) Aplicando la condición de ángulo:

$$\varphi = 180 - \theta_1 - \theta_2 + \phi \cong 51°$$

El compensador debe proporcionar $51°$ para ubicar su polo y cero se puede aplicar el método de la bisectriz, pero es conveniente que α se lo mas grande posible a fin que la constante Kv sea lo mas grande y el error lo mas chico.

Se decide ubicar el ceros del compensador de forma que cancele el polo estable del sistema o sea en 0,6703

Si

$$G_D(z) = K_c \alpha \frac{1+z\tau}{1+z\tau\alpha} = K_c \frac{z+a}{z+b}$$

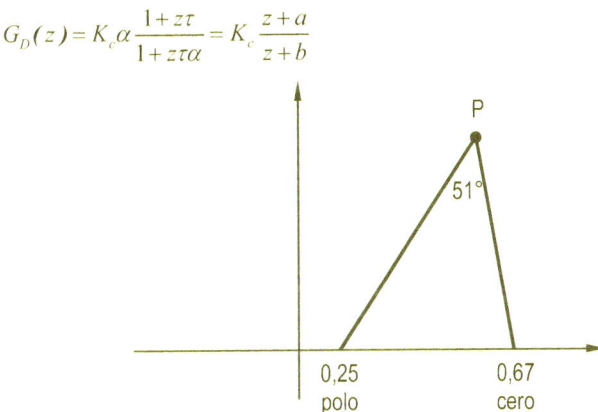

Figura 3-15

Predomina el cero, lo que representa un avance de fases.

Lo que conduce a:

$$G_D(z) = K_c \frac{z - 0,6703}{z - 0,25}$$

E el sistema a lazo abierto es entonces:

$$G_D(z).G(z) = K_c \frac{0,01758(z + 0,876)}{(z - 0,25)(z - 1)}$$

e) Para determinar K_c aplicamos la condición de módulo:

$$\left| G_D(z)G(z) \right|_{z = P = 0,51 + j0,42} = 1$$

Resulta $K_c = 12,67$, luego el

$$G_D(z) = 12,67 \frac{z - 0,6703}{z - 0,25}$$

f) Se puede ahora obtener la respuesta ante un escalón y observar el resultado.

La constante de error en velocidad

$$Kv = \lim_{z \to 1} \frac{1}{T}(1 - z^{-1}).G_D(z)G(z) = 2,801$$

Ejemplo 3

Nos enfrentamos a un sistema con retardo, posee un tiempo muerto de 2 seg, supuesto del periodo de muestreo T=1 seg, se pretende diseñar un PI tal que posea un zita de 0,5, con al menos diez (10) muestras por ciclo de la frecuencia del sistema, también determine Kv, saque sus conclusiones.

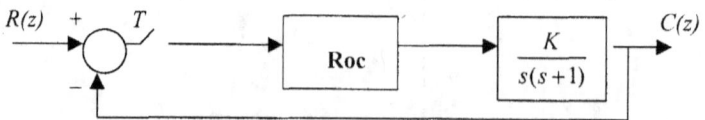

Figura 3-16

a) Determinemos $G(z)$, en este caso es conveniente usar:

$$G(z) = (1 - z^{-1}).z^{-2}Z\{\frac{1}{s(s+1)}\}$$

Observamos que se multiplica por z^{-2} por el retardo, o sea se puede aplicar el método visto de transformación de s a z sin "considerar al retardo" obteniendo una $G_l(z)$ y luego aplicarle el factor z^{-2}.

Se obtiene

$$G(z) = \frac{0,6321}{z^2(z - 0,3679)}$$

b)   Un controlador PI "por lo visto" posee una función de transferencia de la forma:

$$G_D(z) = K_p + K_i \frac{1}{1 - z^{-1}} = K_D \frac{z - A}{z - 1} \; ; \quad K_D = K_p + K_i \; ; \quad A = \frac{K_p}{K_p + K_i}$$

Desde ya vemos que se implica a un polo doble en el origen.

c)   Ubiquemos los polos dominantes deseados:

$$z = e^{-\xi\omega_n T \pm j\omega_d T} \; ; \quad |z| = e^{-\xi\omega_n T} = e^{-\frac{2\pi\xi}{\sqrt{1-\xi^2}} \cdot \frac{\omega_d}{\omega_s}} \; ; \quad \angle z = T\omega_d = 2\pi\frac{\omega_d}{\omega_s}$$

como $\dfrac{\omega_d}{\omega_s} = 10$ resulta

$$\angle z = 36°$$

y como $\xi=0,5$ resulta

$$|z| = e^{-0,368} = 0,6985$$

Lo que determina z=0,5629+j0,4090 y se puede localizar el punto P donde debería pasar el lugar.

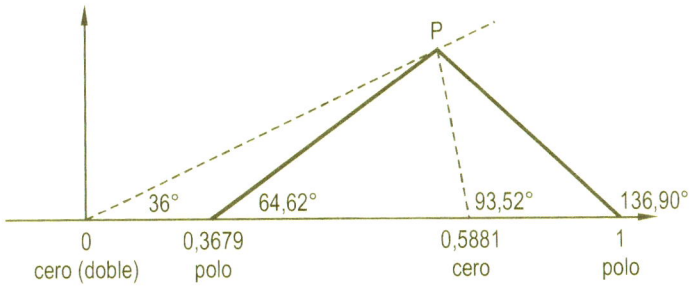

Figura 3-17

Predomina el polo del compensador lo que significa un atraso de fases.

(Las líneas de guiones son las del compensador)

El balance de ángulos resulta:

$$-36 \ -36 \ -136,9 \ -64,62 \ +180 = -93,52$$

El cero debe contribuir con $93,52°$ lo cual significa que el controlador debe poseer un cero en $0,5881$ y este es el valor de A de la expresión genérica.

Para la determinación de la ganancia K_D aplicamos la condición de módulo:

$$|z| = K_D \left. \left| \frac{z-0,5881}{z-1} \ \frac{0,6321}{z^2(z-0,3679)} \right| \right|_{z = 0,5629 + j0,4090} = 1$$

Lo que conduce a $K_D=0,5070$

Podemos ahora determinar los valores de $K_p = 0,2982$ y de $K_i =0,2088$.

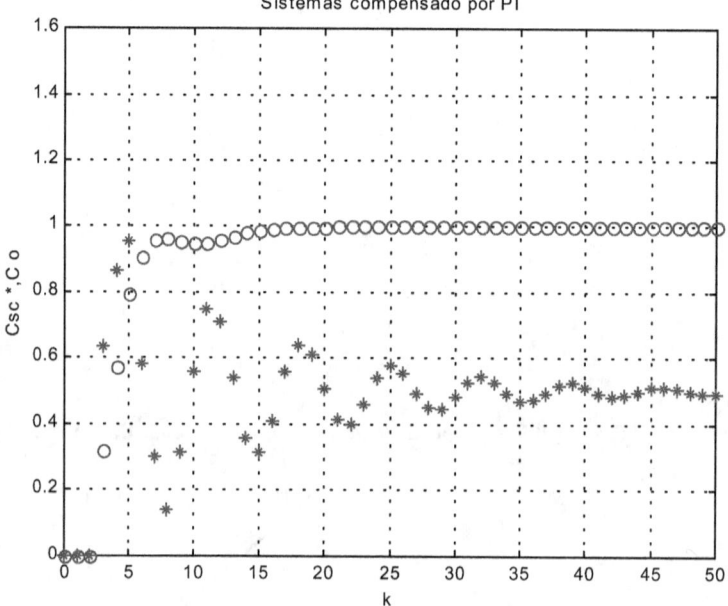

Figura 3-18

```
nsc=[0,0,0,0.6321];
dsc=[1,-0.3679,0,0.6321];
nc=[0,0,0,0.3205,-0.1885];
dc=[1,-1.3679,0.3679,0.3205,-0.1885];
k=0:50;
v=[0,50,0,1.6];
axis(v);
r=ones(1,51);
cc=filter(nc,dc,r);
```

```
plot(k,cc,'o'), hold on
csc=filter(nsc,dsc,r);
plot(k,csc,'*'),grid,          title('Sistemas          compensado          por
PI'),xlabel('k'),ylabel('Csc *,C o')
```

3.6. El Criterio de Nyquist

Este criterio se basa en el principio del argumento y se puede re-formular la prueba para sistemas discretos.

El criterio es especialmente útil cuando se conoce la función de transferencia del lazo abierto y se desea conocer comportamientos del sistema en general (a lazo cerrado).

Consideremos en sistemas como el de la figura:

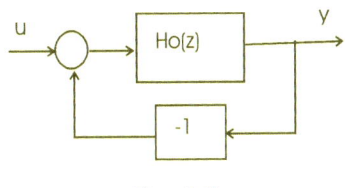

Figura 3-18

$$H(z) = \frac{Y(z)}{U(z)} = \frac{H_0(z)}{1 + H_0(z)}$$

La ecuación característica del sistema es

$$1 + H_0(z) = 0$$

La estabilidad puede estudiarse a partir del trazado polar de $H_0(z)$. Para los sistemas discretos, el área de estabilidad es todo el interior del círculo unitario.

El trazado de Nyquist es ahora Γc rodeando todo el área externa al círculo unitario.

Se realiza una desviación en $z = 1$ para excluir los integradores del sistema a lazo abierto.

El semicírculo que tiende a cero en $z = 1$ con argumentos desde $\frac{\pi}{2}$ hasta $-\frac{\pi}{2}$ se aplica sobre el plano $H_0(z)$ como una circunferencia de radio ∞ desde $-n\frac{\pi}{2}$ hasta $n\frac{\pi}{2}$ donde n es el número de integradores del sistema a lazo abierto.

Si hay polos en la circunferencia unidad distintos de $z=1$, es preciso excluirlos mediante pequeños semicírculos de la misma forma de lo hecho para $z=1$.

La aplicación de la circunferencia unidad es $H_0\left(e^{j\Omega}\right)$ con $\Omega \in (0, 2\pi)$.

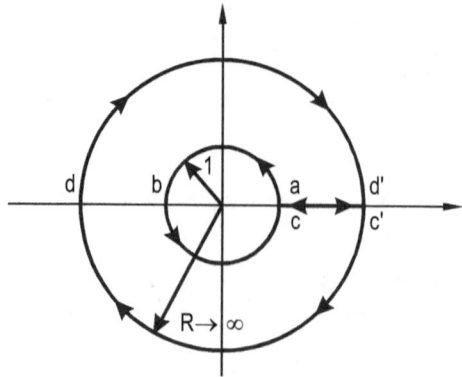

Figura 3-19

$a - b$	$\rightarrow$	$z=e^{j\Omega}$	$0<\Omega<\pi$
$b - c$	$\rightarrow$	$z=e^{j\Omega}$	$-\pi<\Omega<0$
$c - c'$	$\rightarrow$	$z=R$	$1<R<\infty$
$c' - d$	$\rightarrow$	$z = \lim_{R\to\infty} Re^{j\theta}$	$-\pi < \theta < 0$
$d - d'$	$\rightarrow$	$z = \lim_{R\to\infty} Re^{j\theta}$	$0 < \theta < \pi$
$d' - a$	$\rightarrow$	$z=R$	$1<R<\infty$

Si es causal el sistema, entonces el recorrido al infinito está sobre el origen del plano z sobreviviendo solamente el recorrido de la circunferencia unitaria y por simetría el recorrido a - b. La curva $H_0\left(e^{j\Omega}\right)$ con argumento de 0 a π se denomina curva de respuesta en frecuencia o curva de Nyquist del sistema.

El principio del argumento establece que el número de vueltas N en sentido positivo alrededor del punto (-1, 0) que realiza la curva que transforma el recorrido cerrado Γc es igual a $N = Z - P$.

Z y P son los números de ceros y polos respectivamente de $1 + H_0(z)$ fuera del círculo unidad.

La estabilidad se asegura si la aplicación de Γc no rodea al punto (-1, 0).

Si $H(z) \to 0$ cuando $z \to \infty$ las líneas paralelas III y V no influyen en la prueba de estabilidad.

Ejemplo

$$H_0(z) = \frac{0,25k}{(z-1)(z-0,5)}$$

en frecuencia:

$$H_0\left(e^{j\omega T}\right) = \frac{0,25k}{\left(e^{j\omega T}-1\right)\left(e^{j\omega T}-0,5\right)}$$

$$H_0\left(e^{j\Omega}\right) = \frac{0,25k}{\left(\cos\Omega + j\,\mathrm{sen}\,\Omega - 1\right)\left(\cos\Omega + j\,\mathrm{sen}\,\Omega - 0,5\right)}$$

$$H_0\left(e^{j\Omega}\right) = \frac{0,25k}{\left[\left(\cos\Omega - 1\right) + j\,\mathrm{sen}\,\Omega\right]\left[\left(\cos\Omega - 0,5\right) + j\,\mathrm{sen}\,\Omega\right]}$$

$$\left|H_0\left(e^{j\Omega}\right)\right| = \frac{0,25k}{\sqrt{\left(\cos\Omega - 1\right)^2 + \mathrm{sen}^2\,\Omega}\sqrt{\left(\cos\Omega - 0,5\right)^2 + \mathrm{sen}^2\,\Omega}}$$

$$\underline{\left|H_0 e^{j\Omega}\right.} = -\mathrm{tg}^{-1}\frac{\mathrm{sen}\,\Omega}{\cos\Omega - 1} - \mathrm{tg}^{-1}\frac{\mathrm{sen}\,\Omega}{\cos\Omega - 0,5}$$

La representación sería

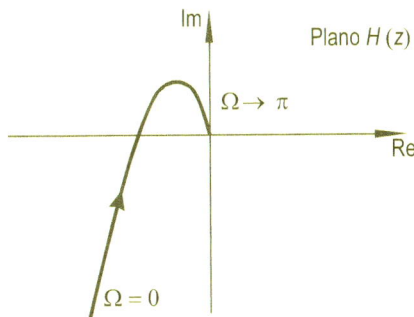

Figura 3-20

3.7. Transformación Bilineal

Es claro que la transformada w que nos interesa tiene la forma:

$$z = \frac{1 + \dfrac{T}{2}w}{1 - \dfrac{T}{2}w}$$

con las propiedades de transformar el circulo unitario de z en el SPI de w.

Se trata de establecer la vinculación entre el plano z y el plano s. La transformación $z = e^{sT}$ es trascendente, existen transformaciones algebraicas (no como $z = e^{sT}$) como la bilineal denominada w. Con un criterio que enseguida observamos hace intervenir el tiempo de muestreo T ó h.

Suponga que z está relacionada a través de la transformación bilineal:

$$w = \frac{2}{T} \frac{z-1}{z+1}$$

se puede obtener

$$z = \frac{1 + \dfrac{T}{2} w}{1 - \dfrac{T}{2} w}$$

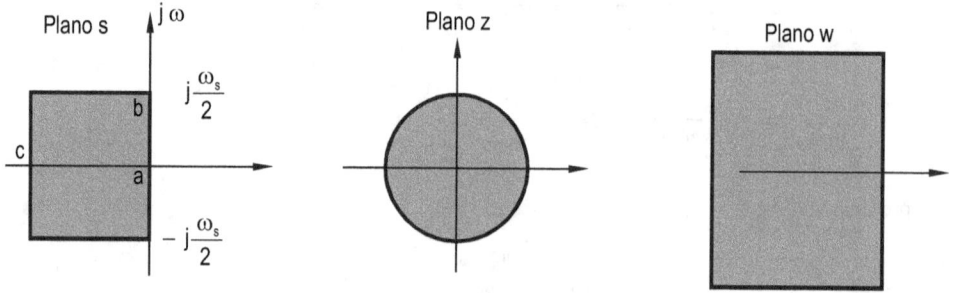

Figura 3-21

Las equivalencias se establecen entre la franja primario en el plano s con el interior del circulo unitario en el plano z y todo el semiplano izquierdo en w, luego trabajar con w es equivalente al interior del circulo y se puede realizar el diseño en w como si fuera s del tiempo continuo ya que es todo el semiplano el que esta implicado y luego pasar a z, por ello la orden de Matlab en realidad pasa de w a z.

w es una variable compleja digamos de la forma: $w = \rho + jv$. La parte imaginaria de w es equivalente de alguna manera a la frecuencia ω del plano s, si tomamos las partes imaginarias será:

$$w\bigg|_{w=jv} = jv = \frac{2}{T} \cdot \frac{z-1}{z+1}\bigg|_{z=e^{j\omega T}} = \frac{2}{T} \cdot \frac{e^{j\omega T} - 1}{e^{j\omega T} + 1} =$$

$$= \frac{2}{T} \cdot \frac{e^{j\frac{\omega T}{2}} - e^{-j\frac{\omega T}{2}}}{e^{j\frac{\omega T}{2}} + e^{-j\frac{\omega T}{2}}} = \frac{2}{T} \cdot j tg \frac{\omega T}{2}$$

Luego :

$$v = \frac{2}{T} \cdot tg \frac{\omega T}{2}$$

si $\omega T = \Omega$ es pequeño, entonces: $v \cong \omega$

Esta expresión establece la relación entre la frecuencia transformada v, la frecuencia real ω y la frecuencia de muestreo ω_s.

Por ello en la transformada w se tiene en cuenta el tiempo de muestreo T, a fin que esta transformación permita en muchos casos trabajar con s como si fuese en tiempo continuo, y luego considerar que la frecuencia ficticia v es la que se determina teniendo luego que compensar si se desea un filtro de una determinada frecuencia como ω_b, entonces el ancho de banda que corresponde es:

$$v_b = \frac{2}{T}.tg\frac{\omega_b T}{2}$$

3.7.1. El abordaje Matlab

El problema es que el la orden " bilinear" realiza la operación inversa o sea, el help de Matlab dice:

$$s = 2 * fs * \frac{z-1}{z+1}$$

y es correcto ya que la mayoría de las veces se diseña en dominio de s al filtro según técnicas conocidas y luego es necesario conocer $G(z)$ para su realización entonces:

[numz,denz]=bilinear(nums,dens,fs) pasa de s a z mediante la fórmula: $z = 2 * fs * \frac{s-1}{s+1}$

Si se quiere usar esta orden bilinear para ahora pasar de z a w la cosa cambia: los pasos son:

Cambiar $z=-x$

Encontramos una función de v tal que : [numv,denv]=bilinear(numx,denx,fs)

Cambiamos $v = -w\ T/2$ y ya tenemos la $G(w)$

Por ejemplo:

Sea

$$G(z) = \frac{0,6321}{z-0,3679}$$

```
nz=[0  0.6321], % numerador y denominador de z
dz=[1 -0.3679];
nx=nz; %cambiamos z por -x
dx=dz.*[-1 , 1];
[nv,dv]=bilinear(nx,dx,0.5);     % hacemos la transformación bilineal con T=0,1 seg
nw=nv.*[-0.05  1];
dw=dv.*[-0.05  1];
```

nw=
dw=

Trabajamos con G(w) como ¨si fuese en s¨ .-

Luego de compensar con los métodos conocidos de sistemas en tiempo continuo, volvemos a z con discretización y de ahí la realización como filtro digital.

Ejemplo

Sea el sistema:

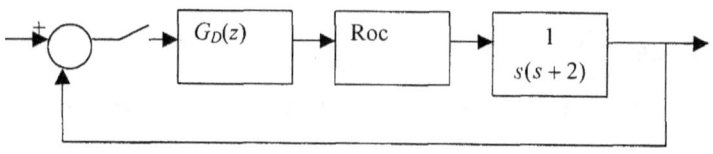

Figura 3-22

Se requiere Mf=55° ; Mg=10dB ; Kv=5 seg^{-1} T$_s$=0,1 seg

Luego, se optiene la función de transferencia en z:

$$G(z) = Z(1-z^{-1})\{\frac{G(s)}{s}\} = 0,004683 \frac{z+0,9355}{(z-1)(z-0,8187)}$$

Si

$$z = \frac{1+\frac{T}{2}w}{1-\frac{T}{2}w} = \frac{1+0,05w}{1-0,05w}$$

Resulta

$$G(w) = \frac{0,5(1+0,001666w)(1-0,05w)}{w(1+0,501w)}$$

Si w=jv frecuencia ficticia, se traza el Bode de *G(jv)*.

El compensador propuesto es en base al tiempo continuo.

3.8. Diseño en Dominio de la Frecuencia con la Transformación Bilineal

Se puede resumir el método de diseño como:

1.- Obtener *G(z)* y entonces pasar a la transformada *w; G(w)*.

Esto es mediante la transformación bilineal:

$$z = \frac{1 + \dfrac{T}{2}w}{1 - \dfrac{T}{2}w}$$

recordemos la inversa que es:

$$w = \frac{2}{T}\frac{z-1}{z+1} \qquad \text{Con} \qquad T \cong T_d/10$$

2.- Trazar Bode para $G(w)$ tomando $G(jv)$ para frecuencia ficticia v.

Leer el error estático, el Mf y el Mg.

Determinar la ganancia necesaria a suministrar por el compensador K_D a fin de cumplir con el error estático solicitado y diseñe el compensador $G_D(w)$ según sea de "adelanto" o de "atraso", como se indica en el procedimiento.

3.- Transformar $G_D(w)$ en $G_D(z)$.

Lleve a cabo la realización de la función $G_D(z)$ mediante un algoritmo de cálculo.

Nota: Observar que la frecuencia ω esta distorsionada en relación a la frecuencia ficticia v, la relación es: $jv = j\dfrac{2}{T}\tan g\dfrac{\omega T}{2}$

Así si se desea un ancho de banda ω_b hay que prever un ancho v_b .

3.8.1. Procedimiento de diseño de un compensador de adelanto

Suponga que el compensador de adelanto es:

$$G_D(w) = K_D \frac{1 + \tau w}{1 + \alpha \tau w} \; ; \qquad 0 < \alpha < 1$$

y la función de transferencia a lazo abierto es

$$G_D(w)G(w) = K_D \frac{1 + \tau w}{1 + \alpha \tau w} G(w) = \frac{1 + \tau w}{1 + \alpha \tau w}.G_1(w) \; ; \qquad G_1(w) = K_D.G(w).$$

1.- Determine K_D que satisface la constante de error exigida.

2.- Dibuje el Bode de $G_1(w)$ con el K_D determinado anteriormente. Evalúe el Mf.

3.- Determine el ángulo de adelanto necesario φ a añadir al sistema.

4.- Agregue $5°$ a $12°$ a φ para compensar el corrimiento de la frecuencia de cruce, a este nuevo ángulo lo denominamos φ_m con el cual determinamos la atenuación α a partir de:

$$\operatorname{sen}\varphi_m = \frac{1 - \alpha}{1 + \alpha}$$

5.- Determine la frecuencia donde: $|G_1(jv)| = -20\log\dfrac{1}{\sqrt{\alpha}}$, a esta frecuencia v_m es la nueva frecuencia de cruce por 0dB y como: $v_m = \dfrac{1}{\sqrt{\alpha}.\tau}$ frecuencia que representa el corrimiento de fase φ_m .

Determinemos las frecuencias de esquina del compensador de adelanto, recordando que $v_m = \dfrac{1}{\sqrt{\alpha}.\tau}$ es la media geométrica y por lo tanto: el cero será $v_o = \dfrac{1}{\tau}$ y el polo en $v_p = \dfrac{1}{\alpha\tau}$.

6.- Verificar

3.8.2. Procedimiento de diseño de un compensador de atraso

Suponga que el compensador de atraso de fase es:

$$G_D(w) = K_D \frac{1+\tau w}{1+\beta\tau w} \; ; \qquad \beta > 1$$

y la función de transferencia a lazo abierto es

$$G_D(w)G(w) = K_D \frac{1+\tau w}{1+\beta\tau w}G(w) = \frac{1+\tau w}{1+\beta\tau w}.G_1(w) \; ; \qquad G_1(w) = K_D.G(w).$$

1.- Determine K_D que satisface la constante de error exigida.

2.- Dibuje el Bode de $G_1(w)$ con el K_D determinado anteriormente. Evalúe el Mf.

3.- Busque el ángulo de fase que sea -180° mas el Mf requerido.

El Mf requerido es el Mf especificado mas 5° a 12 ° de compensación. Escogemos a la frecuencia como la nueva frecuencia de cruce por 0 dB.

A fin de evitar efectos perjudiciales del compensador de atraso, se debe n localizar el cero y el polo bastantes mas lejos que la frecuencia de cruce.

4.- Escoja la frecuencia de esquina como $v_o = \dfrac{1}{\tau}$ correspondiente al cero del compensador una decena debajo de la nueva frecuencia de cruce.

5.- Determine la atenuación para llevar la curva de magnitud hacia abajo hasta los 0 dB en la nueva frecuencia de cruce. esta atenuación es de -20 log β , entonces obtenemos el valor de β. La frecuencia de esquina del polo es $v_p = \dfrac{1}{\beta\tau}$

Nota: En $G(z)$ el polo y el cero estarán muy próximos uno del otro y cerca de $/z/=1$, puede suceder que por el truncado de los decimales en el cálculo del DSP, que posee una longitud finita de palabra o bits, haga que existan variaciones en el comportamiento fina. Es importante compensar dentro de la precisión del DSP.

3.8.3. Recomendaciones

a) Debe ser realizable y además "preferir" una red de RC.

b) Los polos de $Gc(s)$ deben estar en el semiplano izquierdo ser simples y reales.

c) El número de ceros de $Gc(s)$ (no debe ser mayor que el número de polos

3.9. Ejemplos de compensación por Bode de adelanto

Ejemplo 1

Se pide que el sistema descripto posea un Mf=50^{0} con un Mg=10 dB y Kv=2seg^{-1}, se propone un T=0,2 seg.

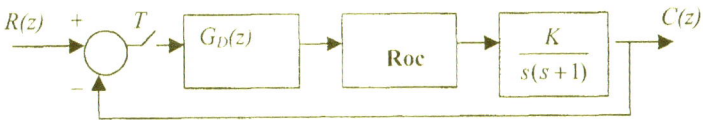

Figura 3-23

1.- Determinamos G(z) por la técnica de discretización, usamos Matlab, obteniendo:

$$G(z) = \frac{K(0,01873z + 0,01752)}{z^2 - 1,81877z + 0,8187}$$

2- Transformando con bilineal :

$$z = \frac{1 + \dfrac{T}{2}w}{1 - \dfrac{T}{2}w} = \frac{1 + 0,1w}{1 - 0,1w}$$

que conduce a:

$$G(w) = \frac{K(1 + \dfrac{w}{300})(1 - \dfrac{w}{10})}{w(w+1)}$$

3- Probamos con compensación de adelanto de la forma:

$$G_D(w) = \frac{1 + \tau w}{1 + \alpha \tau w} \; ; \qquad 0 \prec \alpha \prec 1$$

4- La función de transferencia a lazo abierto es $G_D(w).G(w)$

La constante de error de velocidad es : $Kv = \lim_{w \to 0} G_D(w)G(w) = 2$ lo que define un valor de K=2.

5- Trazamos el Bode de:

$$G(w) = \frac{K(1+\dfrac{w}{300})(1-\dfrac{w}{10})}{w(w+1)} \qquad\qquad \text{cuando} \qquad w=jv$$

Se puede leer un Mf=30° y un Mg=14,5 dB

6- Se exige un Mf=50° por lo que es necesario adicionar 20° sin reducir la ganancia K, por lo que se propone un compensador de adelanto (ahora recién lo sabemos).

El ángulo de 20° se le agrega 8° por ajuste en la frecuencia de cruce y se determina la fase a agregar por el compensador que es: $\varphi_m=28°$ con la cual se calcula el factor α:

$$sen\ \varphi_m = \frac{1-\alpha}{1+\alpha}\ ; \qquad lo\ que\ corresponde: \alpha = 0,361$$

7- Las frecuencias de esquina $v_0 = \dfrac{1}{\tau}$ y $v_p = \dfrac{1}{\alpha\tau}$ del cero y polo respectivo del controlador, se obtienen la media geométrica $v_m = \dfrac{1}{\sqrt{\alpha.\tau}}$ que produce una magnitud del compensador de:

$$\left|\frac{1+j\tau v}{1+j\alpha\tau v}\right| = \frac{1}{\sqrt{\alpha}}\ ; \quad en\ dB: \left|\frac{1+j\tau v}{1+j\alpha\tau v}\right| = 4,425 dB$$

Tenemos que calcular la frecuencia donde la magnitud del sistema sin compensar es igual a: $-20\log(\dfrac{1}{\sqrt{\alpha}})$ que corresponde a –4,425 dB.

8- Para encontrar el punto de frecuencia donde la magnitud es -4,425 dB podemos representar el diagrama de Bode en el rango de frecuencia de 1≤w≤10 rad/seg. En la representación de Bode se encuentra que w=1,7 rad/seg donde la magnitud se hace aproximadamente –4,4 dB.

Seleccionamos esta frecuencia para que sea la nueva frecuencia de la ganancia de cruce w_c. Si se tiene en cuneta que esta frecuencia corresponde a $w = \dfrac{1}{\sqrt{\alpha.\tau}}$ que es 1,7 obteniendo el valor de τ:

$$\tau = \frac{1}{1,7\sqrt{\alpha}} = 0,9790\ ; \qquad \alpha\tau = 0,3534$$

El abordaje Matlab es:

```
n=[-0.000666 -0.19266 1.9932];
d=[1 0.9969 0];
w=logspace(0,1,100);
bode(n,d,w), title('...')
```

El compensador así determinado es:

$$G_c(w) = \frac{1+0,9790w}{1+0,3534w}$$

Se puede entonces graficar Bode con este compensador, las ordenes son:

```
nc=[-0,9790 1];
dc=[0.3534 1];   % Compensador
[mag,fase,w]=bode(n,d,w);   % Determinados la magnitud y fase del sistema
sin compensación
magdB=20*log10(mag);
[magc,fasec,w]=bode(nc,dc,w);   % Determinamos la magnitud y fase del
compensador
magcdB=20*log10(magc);
mgdB=magdB+magcdB; % Es la magnitud en dB de G_c(w).G(w), por eso se suman.

semilog(w,magdB,'o',w,macdB,'*',w,magcdB,'-');
% se grafican el Bode del sistema, compensador y sistema compensado.

% Curvas de fase:
fa=fase+fasec;
pmax=40*ones(1,100);
pmin=-290*ones(1,100);
ph180=-180*ones(1,100);
% Se elige el rango de fases de -300° hasta +50°. Se dibuja la línea se
180°

semilog(w,fases,'o',w,pmax,'*', w,pmin,'-');

semilog(x,fases,'o',w,fasec,'*',w,fa,'-',                    w,pmax,'-i',w,pmin,'-
i',w,ph180,'-'), grid
```

La función de transferencia del controlador se lleva ahora al plano z mediante la utilización de la siguiente transformación:

```
[nz,dz]=bilinear(nco,dco,fs)
```

donde fs =1/T=1/0,2=5

se obtiene un

$$G_c(z) = \frac{2,3798z - 1,9387}{z - 0,5589}$$

Las órdenes son:

```
nc=[-0,9790 1];
dc=[0.3534 1];
[nz,dz]=bilinear(nc,dc,5);
nz=
 -1.9387
dz=
    1.0000 -0.5589
```

Ahora ¡ hay que realizarlo! .

Ejemplo 2

Sea un sistema retroalimentado donde: $K = 22.5$ y $T = 0.01$ se pretende en $M\varphi = 45°$ y $Kv = 100$.

$$Gp(s) = \frac{39.453K}{s(s+8.871)}$$

Solución aplicando transformada r (Kuo)

$$Z\left\{G_{RO}(s)G_p(s)\right\} = G_{R0}G_p(z) = (1-z^{-1})Z\left\{\frac{887.3}{s^2(s+8.871)}\right\}$$

$$Z\left\{G_{RO}(s)G_p(s)\right\} = \frac{0.04308(z+0.9708)}{(z-1)(z-0.915)}$$

Se trasforma a r con $z = \dfrac{1+r}{1-r}$ resultando

$$G_{R0}G_p(\omega) = \frac{0.4995(1+0.0148\omega)(1-\omega)}{\omega(1+22.53\omega)}$$

Se grafica el Bode de esta $G_{R0}G_p(r)$ dando un $M\varphi = 8.6°$ para un $M\varphi = 45°$, se propone un compensador de adelanto

$$G_c'(r) = \frac{1+10.767r}{1+1.5887r}$$

$$G_c'(r)G_{R0}G_p(r) = \frac{0,4995(1+0.0148r)(1-r)(1+10767r)}{r(1+22.53r)(1+1.5887r)}$$

La tarea ahora es determinar $G_c(s)$ para la que hay que expandir en fracciones parciales a $G_c'(r)G_{R0}G_p(r)$, previo dividir por $1-r$, ya que así conviene a la transformación.

$$\frac{G_c'(r)G_{R0}G_p(r)}{1-r} = \frac{0.4995}{r} - \frac{0.2804}{r+0.04439} - \frac{0.2169}{r+0.6295}$$

llevado a la tabla resulta

$$Z\left\{\frac{G_c(s)G(s)}{s}\right\}\bigg|_{z=\frac{1+r}{1-r}} = \frac{0.4995(1+r)(1-r)}{2r^2} - \frac{0.2804(1+r)(1-r)}{2r(r+0.04439)} - \frac{0.2169(1+r)(1-r)}{2r(r+0.6295)}$$

Identificando las funciones de transferencia en s, que corresponde a cada término del desarrollo en fracciones parciales:

$$\frac{G_c(s)G_p(s)}{s} = \frac{100}{s^2} - \frac{56.04}{s(s+8.8+1)} - \frac{51}{s(s+148)} = \frac{7.04(s+18.566)(-s+1004.5)}{s^2(s+8.871)(s+148)}$$

De esta expresión, extraemos lo que corresponda a $G_p(s)$ y resulta:

$$G_c(s) = \frac{0.007934(s+18.566)(-s+1004.5)}{s+148}$$

Para que sea causal se le agrega polos lejanos, pero en este caso el cero lejano en 1004.5 puede despreciarse y en consecuencia

$$G_c(s) = \frac{7.97(s+18.566)}{s+148}$$

Resulta una función de transferencia del compensado por proceso como

$$G_c(s)G_P(s) = \frac{7071.68(s+18.56)}{s(s+8.871)(s+148)}$$

Un Bode muestra un $M\varphi \approx 47.6°$.

Nota recordar que el máximo $M\varphi$ que puede obtenerse con un compensador de la forma

$$Gc(s) = \frac{1+T_1 s}{1+T_2 s}$$

con $Gc(s) = \dfrac{1+T_1 s}{1+T_2 s}$ es de unos 58° siempre que los polos de $G_c'(r)$

permanezcan dentro de $-1 \leq r \leq 0$.

Problemas

Usar la transformada Z y con Matlab, para determinar la secuencia de salida de la ecuación en diferencias

$$y(k+2)-1.5y(k+1)+0.5y(k)=u(k+1)$$

cuando $u(k)$ es un salto escalón es $k=0$ y cuando $y(0)=0.5$ e $y(-1)=1$.

Problema 2

Verificar que

$$Z\left\{\frac{1}{2}\ (kh)^2\right\}=\frac{h^2\ z\ (z+1)}{2\ (z-1)^2}$$

Problema 3

Considere el sistema

$$\frac{z+b}{(1+b)(z^2-1.1z+0.4)}$$

La situación de los polos corresponde a un sistema continuo con amortiguamiento $\xi=0.7$. Simular el sistema y determinar el rebase para diferentes valores de b en el intervalo (-1, 1).

Problema 4

Considere el siguiente sistema:

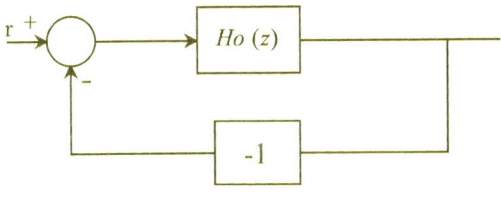

Figura P3-4

$$H_0(z) = \frac{K}{z(z-0.2)(z-0.4)} \qquad K > 0$$

Determinar los valores de K para los que el sistema en lazo cerrado es estable utilizando el lugar de raices.

Problema 5

Considere al sistema

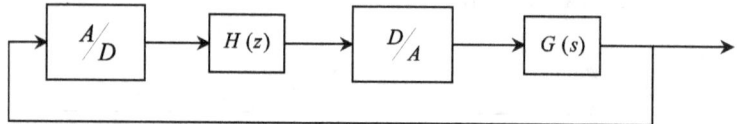

Figura P3-5

Supóngase que se muestréa periódicamente con periodos h y que el convertidor $\dfrac{D}{A}$ mantiene constante la señal de control durante el intervalo de muestreo.

Se supone que el algoritmo de control es

$$u(kh) = K\left[u_c(kh - \tau) - y(kh - \tau)\right]$$

donde $k > 0$ y τ es el tiempo de cálculo. La función de transferencia del proceso es

$$G(s) = \frac{1}{s}$$

a) ¿Para que valores de la ganancia del regulador K, el sistema en lazo cerrado será estable si $\tau = 0$ y $\tau = h$?

b) Compárese este sistema con el sistema continuo correspondiente; es decir; cuando hay un controlador proporcional continuo y un retardo en el proceso.

Problema 6

Determinar la curva de Nyquist del sistema.

$$H_0(z) = \frac{1}{z - 0.5}$$

Problema 7

Se muestra un diagrama en bloques de un control digital. Halle los valores de K para que sean asintóticamente estables utilizando el lugar de raíces.

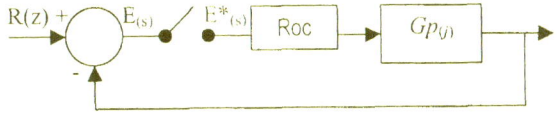

Figura P3-7

a. $Gp(s) = \dfrac{K}{s(s+5)}$ $h = 0,5 seg$

b. $Gp(s) = \dfrac{K(s+1)}{s(s+2)}$ $h = 0,5$

c. $Gp(s) = \dfrac{K(s+5)}{s^2}$ $h = 0,5$

d. $Gp(s) = \dfrac{K}{s(s+4)(s+8)}$ $h = 0,5$

$Gp(s) = \dfrac{K}{s^2+s+2}$ $h = 1$

Problema 8

Un sistema de control digital es:

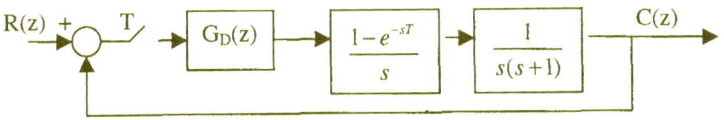

Figura P3-8

Diseñe el controlador $G_D(z)$ tal que $\xi=0,5$ y el número de nuestras por ciclo sea 8. Suponga T=0,1 seg. Determine el Kv.

Obtenga la respuesta a un escalón.

Problemas 9

El sistema indicado en el problema anterior y por medio de un Bode y la transformada w diseñe un controlador tal que $Mf \geq 60^\circ$; $Mg \geq 12\ dB$ y la $Kv = 5\ seg^{-1}$. El $T = 0,1\ seg$.

Constate los resultados con el diseño por el lugar de raíces y saque conclusiones.

Problemas 10

Considere el sistema de control digital siguiente.

Trace el lugar de raíces. Determine el K critico. El periodo de muestreo es de 0,1 seg. . Qué valor de ganancia K será necesaria para un factor $\xi=0,5$. Determine la frecuencia amortiguada y el número de muestras por ciclo de la oscilación senoidal.

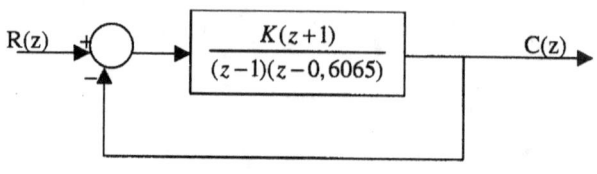

Figura P3-10

Problemas 11

Considere el sistema dibujado a continuación, diseñe un controlador digital que incluya una acción integral. Las especificaciones de diseño son que el factor de amortiguamiento $\xi=0,5$ de los polos dominantes y que existan por lo menos 8 muestras por ciclo de la oscilación senoidal amortiguada. El periodo de muestreo es de T=0,2 seg. .

Determine la constante de velocidad del sistema compensado.

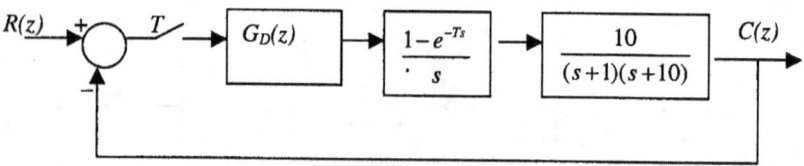

Figura P3-11

Problemas 12

Sobre el siguiente esquema general de control digital:

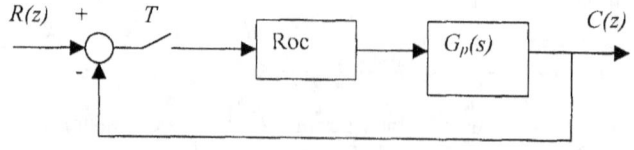

Figura P3-8

12.1. Sean las siguientes especificaciones:

$$Mf=50° \; ; Mg=10dB \; ; Kv= 20 \; seg^{-1} \; ; T=0,1 \; seg.$$

Con:

$$G_p(s) = \frac{K}{s(s+0,5)}$$

12.2. Sean las siguientes especificaciones:

Mf=60° ; Mg=12dB ; Kv= 5 seg^{-1} ; T=0,1 seg.

Con:

$$G_p(s) = \frac{5}{(s+1)(s+2)}$$

En ambos problemas, realice el controlador digital por medio de Bode y el plano w.

12.3. Sean las especificaciones: ξ=0,5 ; número de muestras por ciclo de la frecuencia amortiguada del sistema sean 8; T=0,1seg. con: $G_p(s) = \dfrac{K}{s(s+0,5)}$

12.4. Sean las especificaciones: ξ=0,2 ; número de muestras por ciclo de la frecuencia amortiguada del sistema sean 8; T=0,1seg. con: $G_p(s) = \dfrac{5}{(s+1)(s+2)}$

En ambos caso de estos últimos problemas, determine la Kv. Utilice el lugar de raíces.

Técnicas en Variables de Estado

4.1. Análisis del muestreo

Partiendo del tiempo continuo en el espacio de estados es:

$$\dot{x}(t) = Ax(t) + Bu(t)$$
$$y(t) = Cx(t) + Du(t)$$

Donde A, B, C y D son las matrices caracterizantes del sistema. $u(t)$ es la excitación de entrada (no se refiere al escalón, sino a una señal cualquiera).

Por abuso de escritura colocamos x sabiendo que es una función temporal $x : t \rightarrow x(t)$ y es un "vector" de estados, ídem para $y : t \rightarrow y(t)$, el vector de salida.

$$x(t) = \begin{bmatrix} x_1(t) \\ x_2(t) \\ \vdots \\ x_n(t) \end{bmatrix}$$

Las ecuaciones del sistema muestreado, con **entrada retenida durante el tiempo** de muestreo (retenedor de orden cero: ROC), es lo que establece las condiciones de la discretización, esto es así salvo que se diga lo contrario.

La solución temporal con condiciones iniciales en t_0 tiene la forma

$$x_{(t)} = e^{A(t-t_0)} x_{(t_0)} + \int_{t_0}^{t} e^{A(t-\tau)} B \cdot u_{(\tau)} d\tau$$

Entre un valor de muestreo t_k y el siguiente t_{k+1} se puede suponer que $t_0 = t_k$ y $t = t_{k+1}$.

$$x_{(t_{k+1})} = e^{A(t_{k+1}-t_k)} x_{(t_k)} + \int_{t_k}^{t_{k+1}} e^{A(t_{k+1}-\tau)} B u_{(\tau)} d\tau$$

Ahora si u es constante entre t_k y t_{k+1} es el valor $u(t_k)$; esto es el efecto del ROC que resulta llamando $t_{k+1} - \tau = \delta$ si $\tau = t_k$ entonces $\delta = T$ y si $\tau = t_{k+1}$ implica $\delta = 0$ siendo $d\tau = -d\delta$ luego:

$$x(t_{k+1}) = e^{AT} x(t_k) + \int_0^T e^{A\tau} B d\tau \times u(t_k)$$

si

$$t_k = kT \ \text{ y } \ t_{k+1} = kT + T = (k+1)T$$

resulta

$$\begin{cases} x_{(kT+T)} = G_{(T)} x_{(kT)} + H_{(T)} u_{(kT)} \\ \quad y_{(kT)} = C x_{(kT)} + D u_{(kT)} \end{cases}$$

donde

$$G_{(T)} = e^{AT}$$

$$H_{(T)} = \int_0^T e^{A\tau} d\tau . B$$

Al transformar un sistema de tiempo continuo en uno de tiempo discreto y establecer la vinculación entre las matrices que los caracterizan, es un problema equivalente al transformar ecuaciones diferenciales ordinarias en ecuaciones en diferencias.

4.2. Solución de la ecuación de estado en tiempo discreto

Normalizando dando a T el valor de uno o es lo mismo decir que tomamos a T como unidad de tiempo.

$$x(k+1) = Gx(k) + Hu(k)$$

Por recurrencia

$$x(1) = Gx(0) + Hu(0)$$

$$x(2) = Gx(1) + Hu(1) = G^2 x(0) + GHu(0) + Hu(1)$$

repitiendo, se llega

$$x(k) = G^k x(0) + \sum_{i=0}^{k-1} G^{k-i-1} Hu(i) \qquad k = 1, 2, 3, \ldots$$

A la matriz de transición de estado la podemos determinar partiendo de la forma homogénea $[u(k) = 0]$ y es : $\Psi = G^k$

Esta solución puede obtenerse por medio de la transformada z siendo, pudiendo establecer relaciones como función de transferencia.

Si

$$x(k+1) = Gx(k) + Hu(k)$$

$$zX(z) - zx(0) = GX(z) + HU(z)$$

$$X(z) = [zI - G]^{-1} zx(0) + [zI - G]^{-1} HU(z)$$

comparando estas expresiones, resulta

$$Z\{G^k\} = [zI - G]^{-1} \cdot z$$

Ejemplo

Se presenta el sistema

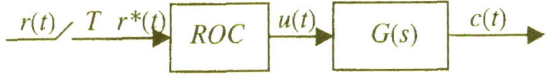

Figura 4-1

$$\begin{bmatrix} \dot{x}_1 \\ \dot{x}_2 \end{bmatrix} = \begin{bmatrix} 0 & 1 \\ -2 & -3 \end{bmatrix} \begin{bmatrix} x_1 \\ x_2 \end{bmatrix} + \begin{bmatrix} 0 \\ 1 \end{bmatrix} u(t)$$

Solución

$$(sI - A)^{-1} = \begin{bmatrix} s+3 & 1 \\ -2 & s \end{bmatrix} \frac{1}{s^2 + 3s + 2}$$

luego la matríz de transición de estado es

$$\varphi(t) = L^{-1}\{(sI - A)^{-1}\} = \begin{bmatrix} 2e^{-t} - e^{-2t} & e^{-t} - e^{-2t} \\ -2e^{-t} + 2e^{-2t} & -e^{-t} + 2e^{-2t} \end{bmatrix}$$

$\varphi(t) = e^{At}$ luego como $G(T) = e^{AT}$ coinciden si cambiamos t por el periodo de muestreo T.

$$G(T) = L^{-1}\{(sI - A)^{-1}\}\Big|_{t = T}$$

4.3. Función de Transferencia

Se puede vincular el modelo interno de variables de estado con el externo de función de transferencia por medio de diversas técnicas.

Analíticamente, con la ecuación de estado y la de salida se puede obtener la matriz de transferencia

si

$$x(k+1) = Gx(k) + Hu(k)$$

con

$$y(k) = Cx(k) + Du(k)$$

Transformando con condiciones iniciales nulas

$$Y(z) = CX(z) + DU(z)$$

$$X(z) = [zI - G]^{-1} zx(0) + [zI - G]^{-1} HU(z)$$

reemplazando en la transformada de la ecuación de estado se obtienen la matriz de transferencia

$$M(z) = C(zI - G)^{-1}\Gamma + D \qquad \text{Matriz de transferencia}$$

Veamos ahora las técnicas mas difundidas para resolver este pasaje de tiempo continuo a tiempo discreto.

4.4. Cálculo de G y H

Las formas más usuales son:

1. Desarrollo en serie

2. Transformada de Laplace

3. Teorema de Cayley-Hamilton

4. Transformación de Jordan

1. Una forma es el desarrollo en serie por medio de Taylor de la función e^{AT}, y calcular

$$G(0) = I$$

$$G(t) = e^{ATt} = I + ATt + \frac{A^2 T^2}{2} t^2 + \frac{A^2 T^3}{3!} t^3 + \dots$$

$$G(1) = G(T) = e^{AT} = I + AT + \frac{A^2}{2}T^2 + \frac{A^3}{3!}T^3 + \dots$$

$$\Psi = \int_0^T e^{A\delta} d\delta = IT + \frac{AT^2}{2} + \frac{AT^3}{3!} + \frac{AT^4}{4!} + \ldots$$

Luego las matrices G y H son

$$G = I + A\Psi$$

$$H = \Psi B$$

2. Aplicando la transformada de Laplace se puede resolver

$$L\left\{e^{Ah}\right\} = \emptyset(s)$$

$$L^{-1}\left\{(sI - A)^{-1}\right\}_{t=T} = \emptyset(T) = G(T)$$

$$H(T) = \int_0^h G(\delta) \cdot B \cdot d\delta$$

3. Los métodos que aplican el teorema de Cayley-Hamilton permiten resolver estas situaciones, ver en apéndice una introducción al respecto.

4- Transformación de Jordan.

Se trata de realizar una transformación de similaridad a forma diagonal, se diagonaliza mediante una matriz modal donde las columnas son lo autovectores de A.

Aplicando la propiedad de matrices diagonales

Si A es diagonal, entonces

$$G_{(T)} = diag\left\{e^{diag\{AT\}}\right\}$$

Si

$$A = \begin{bmatrix} \lambda_1 & 0 & 0 \\ 0 & \lambda_2 & 0 \\ 0 & 0 & \lambda_n \end{bmatrix}$$

entonces

$$G(T) = \begin{bmatrix} e^{\lambda_1 T} & 0 & 0 \\ 0 & e^{\lambda_2 T} & 0 \\ 0 & 0 & e^{\lambda_n T} \end{bmatrix}$$

significa que si λ_1 es un autovalor de A diagonal entonces $e^{\lambda_1 T}$ lo es de $G(T)$ diagonal.

4.5. Transformación inversa (tiempo discreto a continuo)

Si se dispone de un sistema naturalmente discreto, las ecuaciones son de la forma

$$x_{(kT+T)} = Gx_{(kT)} + Hu_{(kT)}$$
$$y_{(kT)} = Cx_{(kT)} + Du_{(kT)}$$

Se puede obtener el sistema de tiempo continuo en las condiciones de mantenimiento de *u(t)*, por uso de las expresiones ya vistas así

$$\dot{x}(t) = Ax + Bu$$
$$y(t) = Cx + Du$$

con $A = \dfrac{1}{T} \ln G(T)$

y recordando a Ψ como auxiliar de cálculos con

$$G = I + A\Psi$$
$$H = \Psi B$$

surgen

$$A\Psi = G - I$$

$$\Psi = A^{-1}(G - I)$$

$$B = \Psi^{-1}H = (G - I)^{-1}AH$$

No siempre es posible pasar a tiempo continuo, si *G* está definida negativa por ejemplo:

$$x(k+1) = -0,5x(k) + u(k)$$

$$A = \frac{1}{T}\log(-0,5) \quad no\ existe!$$

Las ecuaciones diferenciales no son tan generales como las ecuaciones en diferencia y más de las veces, no contempla soluciones en el estudio de sistemas no lineales, el modelo de tiempo continuo es en realidad incompleto.

4.6. Transformación de los modelos de estado

Es conveniente para el estudio de los sistemas introducir nuevas coordenadas en el espacio de estado. Esto permite obtener formas sencillas de ecuaciones de sistemas.

Una forma vista es la diagonal o en banda, que pueden tomar diversos aspectos según sea la matriz *A* (específicamente su núcleo) pero la forma de Jordan generaliza a las transformaciones, pudiendo en sistemas sencillos transformar a formas casi diagonales o de banda, útiles tanto para el análisis como el ajuste del sistema.

Si G posee autovalores reales distintos la cosa es relativamente simple, ya que

$$PGP^{-1} = \Lambda = \begin{pmatrix} \lambda_1 & 0 & 0 \\ 0 & \lambda_2 & 0 \\ 0 & 0 & \lambda_3 \end{pmatrix}$$

Con P determinado según sea G. Puede usarse Vandermonde si G trae la forma standard de las ecuaciones diferenciales, o calcularse vía autovectores ya que $P = (v_1, v_2, \cdots, v_n)$ siendo los v_i autovectores generalizados obtenidos como

$$(\lambda_i I - A)v_i^1 = 0$$
$$(\lambda_i I - A)v_i^2 = -v_i^1$$

y sucesivamente[2].

4.7. Observablilidad

Sin entrar en la rigurosidad de los diferentes métodos para conocer la observabilidad de un sistema, vamos a trabajar con su concepto.

Definición

Un sistema es observable si hay un k finito tal que vasta con conocer las entradas $u_{(0)}, ..., u_{(k-1)}$ y las salidas $y_{(0)}, ..., y_{(k-1)}$ para determinar el estado inicial del sistema.

Uno de los métodos más prácticos de conocer la observabilidad es por la matriz

$$W_0 = \begin{pmatrix} C \\ CG \\ \vdots \\ CG^{n-1} \end{pmatrix} \qquad \text{con } G \text{ de } n \times n$$

Teorema

El sistema es observable si solo si W_0 tiene rango n.

4.8. Sistema controlable-alcanzable

La controlabilidad se vincula al hecho que partiendo de un estado alcanzar con la ecuación de las entradas una salida u otro estado cualquiera.

Se estudia convenientemente por medio de la matriz de controlabilidad que posee la forma

---

[2]. Para mas detalles ver *"Sistemas Automáticos de Control"* de B. Kuo o *"Ingeniería del Control Moderno"* de K.Ogata.

$$W_c = \begin{bmatrix} H, GH, \ldots G^{n-1}H \end{bmatrix}$$

Definición

> Un sistema es controlable si es posible encontrar una secuencia de control tal que pueda alcanzarse el origen desde cualquier estado inicial en un tiempo finito.

Definición

> Un sistema es alcanzable si es posible encontrar una secuencia de control tal que pueda alcanzarse un estado arbitrario desde cualquier estado inicial en un tiempo finito.
>
> La controlabilidad no implica alcanzabilidad, pero los dos conceptos a los fines prácticos son equivalentes si G es invertible, (recordar fase no mínima).

Estudiamos la alcanzabilidad (aunque por abuso de lenguaje a veces la denominaremos controlabilidad). Esto fue así definido por Kalman en el año 1960 y aplicado en estas últimas décadas.

Teorema

Un sistema es alcanzable si solo si W_c tiene rango n.

Esto permite en algunos casos encontrar una matriz T de transformación modal que lleve al sistema a mover coordenadas.

4.9. Formas observables y controlables

Si

$$|\lambda I - G| = \lambda^n + a_1\lambda^{n-1} + a_2\lambda^{n-2} + \cdots + a_n = 0$$

la forma observable es

$$z_{(k+1)} = \begin{bmatrix} -a_1 & 1 & 0 & 0 \\ -a_2 & 0 & 1 & 0 \\ \vdots & \vdots & \vdots & \vdots \\ -a_n & 0 & \cdots & 0 \end{bmatrix} z_{(k)} + \begin{bmatrix} b_1 \\ \vdots \\ \vdots \\ b_n \end{bmatrix} u_{(k)}$$

$$y_{(k)} = \begin{bmatrix} 1, & 0 & \cdots & 0 \end{bmatrix} z_{(k)}$$

La forma controlable es

$$z_{(k+1)} = \begin{bmatrix} -a_1 & -a_2 & \dots & -a_{n-1} & -a_n \\ 1 & 0 & \dots & 0 & 0 \\ 0 & 1 & \dots & 0 & 0 \\ \vdots & \vdots & \vdots & \vdots & \vdots \\ 0 & 0 & \dots & 1 & 0 \end{bmatrix} z_{(k)} + \begin{bmatrix} 1 \\ 0 \\ \vdots \\ \vdots \\ 0 \end{bmatrix} u_{(k)}$$

$$y_{(k)} = [b_1 \dots \dots b_n] z_{(k)}$$

4.10. Muestreo de un sistema con retardo temporal

Sea $\dot{x}(t) = Ax(t) + Bu(t - \delta)$

Se supone que $\delta < T$ al muestrear:

$$x_{(kT+T)} = e^{AT} x_{(kT)} + \int_{kT}^{Tk+T} e^{A(kT+T-s')} Bu(s'-\delta)ds'$$

$u(kT)$ es constante en T, y lo será entonces $u(t - \delta)$ pero cambiará en los intérvalos de muestreo.

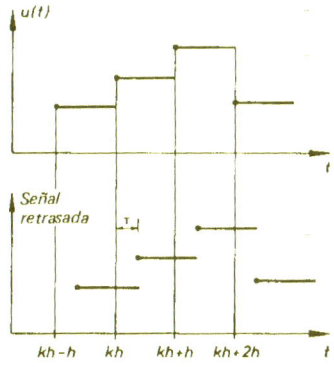

Figura 4-2

Conviene entonces descomponer las integrales en dos partes donde $u(t)$ sea constante o sea

$$\int_{kT}^{kT+T} (.) = \int_{kT}^{kT+\delta} e^{A(kT+T-s')} Bu_{(kT-T)}ds' + \int_{kT+\delta}^{kT+T} e^{A(kT+T-s')} Bu_{(kT)}ds'$$

$$\int_{kT}^{kT+T} (.) = H_1 u_{(kT-T)} + H_0 u_{(kT)}$$

entonces

$$G = e^{AT}$$

$$H_1 = e^{A(T-\delta)} \int_0^\delta e^{As} ds . B$$

$$H_0 = \int_0^{T-\delta} e^{As} ds . B$$

y el modelo sería ahora

$$\begin{pmatrix} x_{(kT+T)} \\ u_{(kT)} \end{pmatrix} = \begin{pmatrix} G & H_1 \\ 0 & 0 \end{pmatrix} \begin{pmatrix} x_{(kT)} \\ u_{(kT-T)} \end{pmatrix} + \begin{pmatrix} H_0 \\ I \end{pmatrix} u_{(kT)}$$

En tiempo continuo la dimensión del sistema con retardo en general es infinito, pero en discreto es finito, a pesar de incorporar r variables de estado extras, que son los $u(kT\text{-}T)$ que representan la entrada anterior a la señal de control. El sistema en sí es más sencillo de manejar en tiempo discreto que en tiempo continuo.

4.10.1. Retardo de tiempo más largo que T

$$\tau = (d-1)T + \tau' \qquad\qquad 0 < \tau' \le T$$

donde d es un entero que representa la parte entera del retardo en unidades T.

La ecuación queda ahora

$$x_{(kT+T)} = G_{(kT)} + H_0 u_{(kT-\alpha T+T)} + H_1 u_{(kT-\alpha T)}$$

donde H_0 y H_1 son dados por las integrales anteriores reemplazando τ por τ', la descripción es:

$$\begin{bmatrix} x(kT+T) \\ u(kT-dT+T) \\ \vdots \\ \vdots \\ u(kT-T) \\ u(kT) \end{bmatrix} = \begin{bmatrix} G & H_1 & H_2 & .. & .. & 0 \\ 0 & 0 & I & .. & .. & 0 \\ \vdots & \vdots & \vdots & : & : & \vdots \\ \vdots & \vdots & \vdots & : & : & \vdots \\ 0 & 0 & 0 & .. & .. & I \\ 0 & 0 & 0 & .. & .. & 0 \end{bmatrix} . \begin{bmatrix} 0 \\ 0 \\ 0 \\ \vdots \\ \vdots \\ I \end{bmatrix} . u(kT)$$

Si $\tau' > 0$ hay que usar $d.r$ variables extras para describir el estado con r entradas.

Ejemplo

Integrador doble con retardo menor que T

$$\dot{x}(t) = \begin{bmatrix} 0 & 1 \\ 0 & 0 \end{bmatrix} x(t) + \begin{bmatrix} 0 \\ 1 \end{bmatrix} u(t)$$

$$y(t) = \begin{bmatrix} 1 0 \end{bmatrix} x(t)$$

Ahora u tiende a $u(kT-\tau)$ y resulta

$$G = e^{AT} = \begin{bmatrix} 1 & T \\ 0 & 1 \end{bmatrix}$$

con

$$H_1 = e^{A(T-\tau)} \int_0^\tau e^{As} ds\, B = \begin{bmatrix} 1 & T-\tau \\ 0 & 1 \end{bmatrix} \begin{bmatrix} \dfrac{\tau^2}{2} \\ \tau \end{bmatrix} = \begin{bmatrix} \tau\left(u-\dfrac{\tau}{2}\right) \\ \tau \end{bmatrix} \quad H_0 = \int_0^{T-\tau} e^{As} ds\, B = \begin{bmatrix} \dfrac{(T-\tau)^2}{2} \\ T-\tau \end{bmatrix}$$

Ejemplo

Retardos con $\tau > T$

$$\dot{x}(t) = -x(t) + u(t-2,5)$$

con $T = 1$, luego $d=3$ (menor entero mayor o igual al desplazamiento) $\tau' = 0,5$.

$$x(k+1) = Gx(k) + H_0 u(k-2) + H_1 u(k-3)$$

$$G = e^{-1} \cong 0,37$$

$$H_0 = \int_0^{0,5} e^{-s} ds = 1 - e^{-0,5} \cong 0,39$$

$$H_1 = e^{-0,5} \int_0^{0,5} e^{-s} ds \cong 0,24$$

4.11. Análisis y diseño por Liapunov

Considere el sistema definido por: $x(k+1) = Gx(k) + Hu(k)$ puede ser no lineal en ese caso $x(k+1)=f[x(k)]$

Una función es de Liapunov, si existe una $V(x)$ si $x(k) \neq 0$ definida positiva, vinculada a la energía puesta en juego p[or el sistema, $V(x) \geq 0$ y $\exists, \Delta V(x) \leq 0$.

Si es lineal se puede tomar la forma cuadrática: $V_{[x(k)]} = x^T P x$ con la matriz simétrica P definida positiva, y le corresponde $\Delta V(x)$ si $x(k) \neq 0$ que es la diferencia directa, (en vez de $V'(x)$) definida negativa.

A $\Delta V_{(x)} = V[x(k+1)] - V[x(k)] = -x^T Q x$ si es lineal y para todo valor de $x(k)$ dentro de un entorno del espacio de estado, con $x(k) \neq 0$; Q es una matriz simétrica también definida positiva.

$\Delta V_{(x)}$ puede representar la rapidez del cambio de energía a lo largo de la trayectoria de estado.

A fin de concretar las ideas de Liapunov, sea el sistema homogéneo, lineal e invariante en el tiempo descripto por:

$$x(k+1) = Gx(k)$$

donde $x(k)$ es el vector de estado de orden n, G es una matriz no singular numérica (no depende de k), primero investigamos si el origen $x=0$ es un estado de equilibrio. Escogiendo $V_{[x(k)]} = x^T Px$, donde P es una matriz hermítica (o simétrica) definida positiva, entonces:

$$\Delta V(x) = V[x(k+1)] - V[x(k)] = x^T(k+1)Px(k+1) - x^T(k)Px(k)$$
$$\Delta V(x) = [Gx(k)]^T PGx(k) - x^T Px = x^T(k)G^T PGx(k) - x^T(k)Px(k)$$
$$= x^T(k)[G^T PG - P]x(k) = -x^T(k)Qx(k)$$

donde

$$Q = -(G^T PG - P)$$

El sistema es estable en forma asintótica si: la matriz Q está definida positiva.

Escogiendo una función de Liapunov como

$$V_{(x)} = x_1^2(k) + x_2^2(k)$$

entonces

$$-\Delta V_{(x)} = -x_1^2(k+1) - x_2^2(k+1) + x_1^2(k) + x_2^2(k)$$

Teniendo en cuenta la relación de estabilidad asintótica con $u(k) = 0$ se garantiza que dada una matriz real Q simétrica y definida positiva, si existe la matriz real P simétrica y definida positiva, entonces el sistema es estable. Este es el método de L'ure.

Ejemplo

$$x(n+1) = \begin{pmatrix} 0.5 & 0 \\ 0 & 0.2 \end{pmatrix} x(n) + \begin{pmatrix} 1 \\ 1 \end{pmatrix} u(n)$$

Haciendo $Q = I$ resulta.

$$-Q = G^T PG - P$$

con $V(x) = x^T Px$; $\Delta V(x) = V[x(n+1)] - V[x(n)]$

$$\begin{pmatrix} -1 & 0 \\ 0 & -1 \end{pmatrix} = \begin{pmatrix} 0,5 & 0 \\ 0 & 0,2 \end{pmatrix} \begin{pmatrix} p_{11} & p_{12} \\ p_{21} & p_{22} \end{pmatrix} \begin{pmatrix} 0,5 & 0 \\ 0 & 0,2 \end{pmatrix} - \begin{pmatrix} 0,5 & 0 \\ 0 & 0,2 \end{pmatrix}$$

la matriz P puede obtenerse resultando:

$$P \begin{pmatrix} 1{,}333 & 0 \\ 0 & 1{,}042 \end{pmatrix}$$

El proceso es asintóticamente estable pues los valores propios de P son positivos

4.11.1. Diseño de la realimentación de estado por Liapunov

Dado el sistema canónico de control de estado digital:

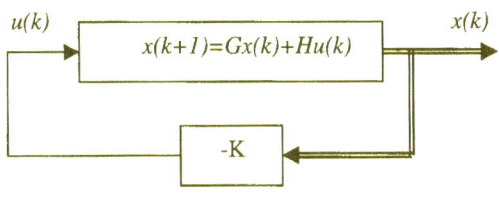

Figura 4-3

La ley de control es determinada como $u(k)=-K.x(k)$.

El objetivo es encontrar la matriz K tal que sea posible llevar el estado $x(k)$ desde cualquier punto inicial $x(0)$ al estado de equilibrio $x_e(k)=0$ y que sea óptimo en algún sentido.

La hipótesis es que el sistema sea asintóticamente estable con entrada de referencia nula, esto garantiza la existencia de la función de Liapunov o sea existe la matriz simétrica P definida positiva tal que

$$V(k)=x\,'Px$$

y determina una matriz definida positiva, simétrica también Q tal que:

$$\Delta V(k)= - \, x\,'Qx$$

El óptimo buscado es aquel que minimice el índice $J=\Delta V(k)$ en otras palabras que converja rápidamente por perdida de energía del sistema.

Sea:

$$V(x(k)) = x^T(k)Px(k)$$
$$\Delta V(x(k)) = x^T(k+1)Px(k+1) - x^T(k)Px(k)$$

como:

$$x(k+1) = Gx(k) + Hu(k)$$

con $u(k) = -Kx(k)$ resulta

$$x(k+1) = (G - HK)x(k)$$

entonces:

$$\Delta V(k) = (x^T(k).G^T + u^T(k).H^T).P.(G.x(k) + H.u(k) - x^T(k).P.x(k) =$$
$$= (x^T G^T P + u^T H^T P)(Gx + Hu) - x^T Px =$$
$$= x^T G^T PGx + u^T H^T PGx + x^T G^T PHu + u^T H^T PHu - x^T Px$$

Para minimizar hacemos las derivadas parciales:

$$\frac{\delta \Delta V(k)}{\delta u^T(k)} = 0$$

$$\frac{\delta \Delta V(k)}{\delta u^T(k)} = H^T PGx + (x^T G^T PH)^T + H^T PHu + (u^T H^T PH)^T =$$

$$= H^T PGx + H^T PGx + H^T PHu + H^T PHu$$

Lo que conduce a:

$$2H^T PGx + 2H^T PHu = 0$$

El óptimo surge como:

$$u(k) = -(H^T PH)^{-1} H^T PG\, x(k) \qquad \text{es la ley de control óptimo.}$$

Ejemplo:

Sea el sistema:

$$x(k+1) = Gx(k) + Hu(k)$$

$$G = \begin{pmatrix} 0{,}5 & 0 \\ 0 & 0{,}2 \end{pmatrix}; \qquad H = \begin{pmatrix} 1 \\ 1 \end{pmatrix}$$

Primero vemos si es asintóticamente estable, para poder realimentar óptimamente por Liapunov, esto es justamente la limitación de este método.

Si $Q=I$, $Q=P-G^T PG$ se puede determinar la matriz P resolviendo el sistema de ecuaciones como:

$$P = \begin{pmatrix} 1{,}333 & 0 \\ 0 & 1{,}042 \end{pmatrix}$$

que es definida positiva indicando que el sistema es estable.

Luego podemos aplicar la ley de control óptima y determinar la matriz de realimentacion K:

$$K = (H^T PH)^{-1} H^T PG = \begin{bmatrix} 0{,}28 & 0{,}0876 \end{bmatrix}$$

Lo que determina el control óptimo como: $u^o_{(k)} = -0,28x_1 - 0,0876x_2$

4.12. Diseño por asignación de polos

El diseño basado en la realimentación de estados, está vinculada a la necesidad de estimar estados ya que estos no siempre están disponibles, esta estimación se realiza por medio de los observadores de estado.

Si conociéramos los estados se podría sin mucha dificultad, plantear las ecuaciones y proponer una realimentación de estado. En muchos casos los estados no se pueden determinan ni conocer y es necesario estimarlos.

Supongamos un sistema discreto "completamente controlable" de la forma

$$x(k+1) = Gx(k) + Hu(k)$$

generamos la entrada $u(k)$ mediante la relación matricial, esto se denomina ley de control y es hacia donde se dirige la optimización.

$$u(k) = -K.x(k)$$

donde $K = [k_1, k_2, \cdots, k_n]$ entonces: $x(k+1) = (G - HK)x(k)$

Se supone que ya hemos escogido los ***polos deseados*** $\lambda_1, \lambda_2, ..., \lambda_n$ entonces la ecuación característica de este sistema autónomo es:

$$\alpha_c(z) = |zI - G + HK| = (z - \lambda_1)(z - \lambda_2)(z - \lambda_3)\cdots(z - \lambda_n)$$

Por igualdad de estos polinomios se pueden obtener los valores de los elementos de la matriz K.

Ejemplo

Consideremos el siguiente servo motor.

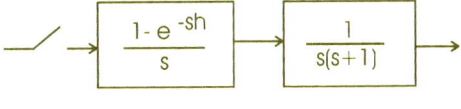

Figura 4-4

Posee un modelo de estado

$$x(k+h) = \begin{pmatrix} 1 & 0,0952 \\ 0 & 0,905 \end{pmatrix} x(kh) + \begin{pmatrix} 0,00484 \\ 0,0952 \end{pmatrix} u(kh)$$

$$y(kh) = (1,0)x(kh)$$

Supongamos poder determinar los estados x_1 y x_2 que corresponden a la posición y a la velocidad del eje del motor y se puede disponer del vector de estado total.

La entrada $u(kh) = -Kx(kh) = -k_1 x_1(kh) - k_2 x_2(kh)$

con $K = [k_1, k_2]$ determinemos ahora el polinomio característico

$$\alpha_c(z) = |Iz - G + HK|$$

resulta

$$\alpha_c(z) = z^2 + (0,00484k_1 + 0,0952k_2 - 1,905)z + 0,00468k_1 - 0,0952k_2 + 0,905$$

Si nosotros queremos que posea los polos en λ_1 y λ_2 este polinomio será

$$\alpha_c(z) = (z - \lambda_1)(z - \lambda_2) = z^2 - (\lambda_1 + \lambda_2)z + \lambda_1\lambda_2$$

Igualando coeficientes resulta

$$0,00484k_1 + 0,0952k_2 = -(\lambda_1 + \lambda_2) + 1,905$$

$$0,00468k_1 - 0,0952k_2 = \lambda_1\lambda_2 - 0,905$$

que se pueden resolver para obtener k_1 y k_2

Por suerte Ackermanm sintetiza estos cálculos dando su fórmula que es operativamente muy útil. Esta fórmula se demuestra en varios textos y no se incorpora en este trabajo, la expresión es

$$K = [0,0,\cdots,0,1]\left[H, GH, \cdots, G^{n-2}H, G^{n-1}H\right]^{-1}\alpha_c(G)$$

Por otra parte recordemos la vinculación entre polos del sistema continuo y del discreto.

$$\lambda(G) = e^{\lambda(A)T}$$

Si $\lambda(A) = -\xi\omega_n \pm j\omega_n\sqrt{1-\xi^2}$

y $\lambda(G) = re^{j\sigma} = r(\cos\sigma + j\,\mathrm{sen}\,\sigma)$ entonces: $\lambda(G) = re^{j\sigma} = e^{-\xi\omega_n T}e^{\pm j\omega_n T\sqrt{1-\xi^2}}$

Luego

$$r = e^{-\xi\omega_n T} \rightarrow \xi\omega_n T = -\ln r$$

$$\sigma = \pm\omega_n T\sqrt{1-\xi^2} \quad \rightarrow \quad \omega_n T\sqrt{1-\xi^2} = \pm\sigma$$

relacionando este último resultado $\dfrac{\xi}{\sqrt{1-\xi^2}} = -\dfrac{\ln r}{\sigma} \Rightarrow \xi = \dfrac{-\ln r}{\sqrt{\ln^2 r + \sigma^2}}$

sustituyendo

$$\omega_n = \frac{1}{T}\sqrt{\ln^2 r + \sigma^2}$$

La constante de tiempo $\tau = \dfrac{1}{\xi\omega_n} = -\dfrac{T}{\ln r}$

Ejemplo:

Sea el integrado doble:

$$x(kT+T) = \begin{pmatrix} 1 & T \\ 0 & 1 \end{pmatrix} x(kT) + \begin{pmatrix} \dfrac{T^2}{2} \\ T \end{pmatrix} u(kT)$$

$$u(kT) = -k_1 x_1 - k_2 x_2 \quad ; \quad K = \begin{pmatrix} k_1 & k_2 \end{pmatrix}$$

$$x(kT+T) = (G - HK)x(kT);$$

$$HK = \begin{pmatrix} \dfrac{T^2}{2} \\ T \end{pmatrix} \begin{pmatrix} k_1 & k_2 \end{pmatrix} = \begin{pmatrix} \dfrac{T^2}{2}k_1 & \dfrac{T^2}{2}k_2 \\ Tk_1 & Tk_2 \end{pmatrix}$$

$$x(kT+T) = \begin{pmatrix} 1 - \dfrac{T^2}{2}k_1 & T - \dfrac{T^2}{2}k_2 \\ -Tk_1 & 1 - Tk_2 \end{pmatrix} x(kT)$$

La ecuación característica a lazo cerrado es:

$$z^2 + (\frac{k_1 T^2}{2} + k_2 T - 2)z + (\frac{k_1 T^2}{2} - k_2 T + 1) = 0$$

llamando

$$z^2 + p_1 z + p_2 = 0$$

conduce a

$$\frac{k_1 T^2}{2} + k_2 T - 2 = p_1; \qquad \frac{k_1 T^2}{2} - k_2 T + 1 = p_2$$

$$k_1 = \frac{1}{T^2}(1 + p_1 + p_2); \qquad k_2 = \frac{1}{2T}(3 + p_1 + p_2)$$

Si se aplica la fórmula de Ackermann conduce a:

$$K = \begin{bmatrix} 0 & 0 & ... & 1 \end{bmatrix} W_c^{-1} \alpha_c(G)$$

$$W_c^{-1} = \begin{bmatrix} H & HG & ... & G^{n-1}H \end{bmatrix}^{-1} = \begin{pmatrix} \dfrac{T^2}{2} & 3\dfrac{T^2}{2} \\ T & T \end{pmatrix}^{-1} = \begin{pmatrix} -\dfrac{1}{T^2} & \dfrac{1,5}{T} \\ \dfrac{1}{T^2} & \dfrac{0,5}{T} \end{pmatrix}$$

$$\alpha_c(G) = G^2 + p_1 G + p_2 = \begin{pmatrix} 1 + p_1 + p_2 & 2T + p_1 T \\ 0 & 1 + p_1 + p_2 \end{pmatrix}$$

$$K = \begin{bmatrix} 0 & 1 \end{bmatrix} W_c^{-1} \alpha_c(G) = \begin{bmatrix} \dfrac{1 + p_1 + p_2}{T^2} & \dfrac{3 + p_1 + p_2}{2T} \end{bmatrix}$$

4.13. Control de Tiempo Finito (Dead Beat)

Se elige el polinomio $\alpha_c(z) = z^n = 0$, o sea todos los polos en el origen del sistema, es el caso del filtro Butterworth o máxima planitud de respuesta.

Entonces, como

$$x(k+1) = (G - HK)x(k)$$

determina como ecuación característica a:

$$|Iz - G + HK| = z^n = 0$$

exige que *G-HK = 0* lo que determina $K = H^{-1}.G$

Esta estrategia lleva los estados a cero en n pasos (n es el orden de G) después de una perturbación impulso.

En este tipo de diseño solo hay un parámetro: el tiempo de muestreo.

El tiempo de establecimiento es: $t_{ss} \le nT$, lo que genera el problema de el crecimiento abrupto o drástico de ahí del nombre deat beat, de la señal de mando, por lo que hay que elegir T con cuidado.

No existe una estrategia similar a esta en tiempo continuo.

Ejemplo:

Continuando con el ejemplo anterior, si $p_1=p_2=0$ resulta:

$$k_1 = \frac{1}{T^2}; \; k_2 = \frac{1,5}{T}.$$

Es interesante simular las respuestas para $T=2$, 1 y $0,5$ seg. partiendo de condiciones iniciales digamos $x(0) = \begin{pmatrix} 1 \\ 1 \end{pmatrix}$

4.14. Estimación de estados

La medición de los estados es muchas veces impracticable (sino imposible) por ello se desarrollan técnicas de estimación de estados. El sistema que estima los estados se denomina observador o estimador de estados.

Supongamos un sistema descripto por

$$x(kT + T) = Gx(kT) + Hu(kT)$$

$$y(kT) = Cx(kT)$$

No todos los estados son accesibles, por ello es necesario generarlos

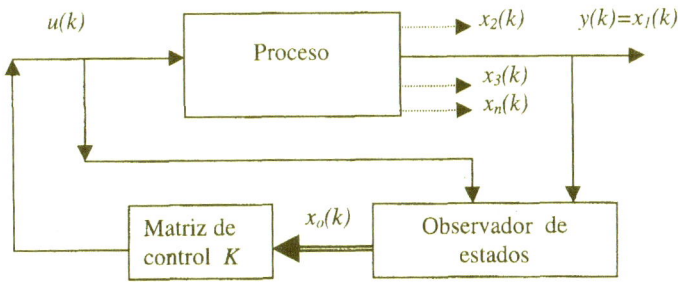

Figura 4-5

Para obtener las ecuaciones que describan al observador es útil introducir el modelo de transferencia.

Tomando las ecuaciones de la planta, con condiciones iniciales nulas

$$zX(z) = GX(z) + HU(z)$$

$$X(z) = (zI - G)^{-1} HU(z)$$

El observador posee dos entradas, $y(kT)$ y $u(kT)$

Las ecuaciones pueden ser

$$\hat{x}(kT+T) = G_0\hat{x}(kT) + H_0^1 y(kT) + H_0^2 u(kT)$$

$\hat{x}(.)$ es el estado generado por el observador $= x_o(.)$

$$\hat{X}(z) = (zI - G_0)^{-1}\left[H_0^1 Y(z) + H_0^2 U(z)\right]$$

Por el sistema sabemos que la salida es

$$Y(z) = CX(z)$$

reemplazando

$$\hat{X}(z) = (zI - G_0)^{-1}\left[H_0^1 CX(z) + H_0^2 U(z)\right]$$

$$\hat{X}(z) = (zI - G_0)^{-1}\left[H_0^1 C(zI - G)^{-1}H + H_0^2\right]U(z)$$

Por una cuestión de diseño, la matriz de transferencia $U(z)$ hasta $\hat{X}(z)$ debe ser la misma que va desde $U(z)$ hasta $X(z)$, así pues

$$\hat{X}(z) = (zI - G)^{-1}HU(z)$$

lo que se satisface si

$$(zI - G)^{-1}H = (zI - G_0)^{-1}H_0^1 C(zI - G)^{-1}H + (zI - G_0)^{-1}H_0^2$$

ó

$$\left[I - (zI - G_0)^{-1}H_0^1 C\right](zI - G)^{-1}H = (zI - G_0)^{-1}H_0^2$$

$$(zI - G_0)^{-1}\left[zI - (G_0 + H_0^1 C)\right](zI - G)^{-1}H = (zI - G_0)^{-1}H_0^2$$

$$(zI - G)^{-1}H = \left[zI - (G_0 + H_0^1 C)\right]^{-1}H_0^2$$

Escogiendo $H_0^2 = H$ y $G = G_0 + H_0^1 C$

se escriben las ecuaciones de estado del observador como

$$\hat{x}(kT+T) = (G - H_0^1 C)\hat{x}(kT) + H_0^1 y(kT) + H_0^2 u(kT)$$

Notamos que H_0^1 no está especificado. Si

$$e(kT) = x(kT) - \hat{x}(kT)$$

es el error de estimación de estado se puede encontrar un modelo para el error de la forma

$$e(kT + T) = x(kT + T) - \hat{x}(kT + T) =$$

$$= Gx(kT) + Hu(kT) - (G - H_0^1 C)\hat{x}(kT) - H_0^1 Cx(kT) - Hu(kT)$$

ó

$$e(kT + T) = (G - H_0^1 C)\left[x(kT) - \hat{x}(kT)\right] - (G - H_0^1 C)\tilde{x}(kT)$$

Por consiguiente la dinámica del error posee una ecuación característica de

$$\left|zI - \left(G - H_0^1 C\right)\right| = 0$$

que es la misma a la del observador.

La elección de H_0^1 se puede hacer siguiendo el razonamiento:

> *si la salida de la planta y la del observador son aproximadamente iguales existe muy poca realimentación a través de H_0^1.*

Si por otro lado, $\hat{x}$ difiere mucho de los x el efecto de H_0^1 es más importante. Es conveniente elegir H_0^1 mediante simulaciones y ver cual de la mejor respuesta.

4.14.1. Determinación de H_0^1

Consideremos la ecuación de estado del observador

$$\hat{x}(kT + T) = \left(G - H_0^1 C\right)\hat{x}(kT) + H_0^1 y(kT) + H_0^2 u(kT)$$

con H_0^1 ¿H y $G = G_0 + H_0^1 C$ todas las matrices están determinadas, excepto H_0^1 que determina la dinámica del error.

Una ecuación característica $\alpha_e(z)$ se puede escoger por la dinámica del error que es también la ecuación característica del observador

$$\alpha_e(z) = \left|zI - \left(G - H_0^1 C\right)\right| = z^n + \alpha_{n-1} z^{n-1} + \cdots + \alpha_1 z + \alpha_0$$

Si el sistema posee una única salida será este

$$H_0^1 = \begin{pmatrix} g_1 \\ g_2 \\ \vdots \\ g_n \end{pmatrix}$$

Se puede usar la fórmula de Ackermamn, si

$$\alpha_c(z) = \left| zI - (G - HK) \right|$$

el valor de la matriz K viene dado como

$$K = [0, 0, \cdots, 1] [H, GH, \cdots, G^{n-2}H]^{-1} \alpha_c(G)$$

Así aplicando Ackermamn para obtener H_0^1

$$H_0^1 = \alpha e(G) \begin{pmatrix} C \\ CG \\ \vdots \\ CG^{n-1} \end{pmatrix}^{-1} \begin{pmatrix} 0 \\ 0 \\ \vdots \\ 1 \end{pmatrix}$$

Se puede diseñar el observador después de decidir una ecuación característica.

Ejemplo

Sea el sistema

$$x(kT + T) = \begin{pmatrix} 1 & 0,0952 \\ 0 & 0,905 \end{pmatrix} x(kT) + \begin{pmatrix} 0,00484 \\ 0,0952 \end{pmatrix} u(kT)$$

$$y(kT) = \begin{pmatrix} 1 & 0 \end{pmatrix} x(kT)$$

con la matriz de ganancia de la "Ley de Control"

$$K = [4,52 \quad ; \quad 1,12]$$

la ecuación característica a lazo cerrado es $\alpha c(z) = z^2 - 1,776z + 0,819 = 0$

La constante de tiempo de las raíces de esta ecuación es de 1 segundo se escoge la constante de tiempo del observador es 0,5 segundo. También se escogen las raíces reales del observador. La situación de las raíces es con, $T = 0,1$ segundo

$$z = e^{-\frac{T}{\tau}} = e^{-\frac{0,1}{0,5}} = 0,819$$

La ecuación característica del observador y del error es

$$ae(z) = (z - 0,819)^2 = z^2 - 1,638z + 0,671 = 0$$

queda determinada la H_0^1 como

$$H_0^1 = ae(G)\begin{pmatrix} C \\ CG \end{pmatrix}^{-1}\begin{pmatrix} 0 \\ 1 \end{pmatrix}$$

$$ae(G) = \begin{pmatrix} 1 & 0,0952 \\ 0 & 0,905 \end{pmatrix}^2 - 1,638\begin{pmatrix} 1 & 0,0952 \\ 0 & 0,905 \end{pmatrix} + 0,671\begin{pmatrix} 1 & 0 \\ 0 & 1 \end{pmatrix}$$

$$ae(G) = \begin{pmatrix} 0,033 & 0,0254 \\ 0 & 0,00763 \end{pmatrix}$$

$$\begin{pmatrix} C \\ CG \end{pmatrix}^{-1} = \begin{pmatrix} 1 & 0 \\ 1 & 0,0952 \end{pmatrix}^{-1} = \begin{pmatrix} 1 & 0 \\ -10,51 & 10,51 \end{pmatrix}$$

$$H_0^1 = \begin{pmatrix} 0,033 & 0,0254 \\ 0 & 0,00763 \end{pmatrix}\begin{pmatrix} 1 & 0 \\ -10,51 & 10,51 \end{pmatrix}\begin{pmatrix} 0 \\ 1 \end{pmatrix} = \begin{pmatrix} 0,267 \\ 0,0802 \end{pmatrix} = \begin{pmatrix} q_1 \\ q_2 \end{pmatrix}$$

La matriz del observador se expresa como

$$G_0 = G - H_0^1 C = \begin{pmatrix} 0,733 & 0,0952 \\ -0,0802 & 0,905 \end{pmatrix}$$

$$\hat{x}(kT + T) = \begin{pmatrix} 0,733 & 0,0952 \\ -0,0802 & 0,905 \end{pmatrix}\hat{x}(kT) + \begin{pmatrix} 0,267 \\ 0,0802 \end{pmatrix}y(kT) + \begin{pmatrix} 0,00484 \\ 0,0952 \end{pmatrix}u(kT)$$

como

$$u(kT) = -K\hat{x}(kT) = -4,52\hat{x}_1(kT) - 1,12\hat{x}_2(kT)$$

y las ecuaciones de estado del observador

$$\hat{x}(kT + T) = \begin{pmatrix} 0,711 & 0,0898 \\ -0,510 & 0,798 \end{pmatrix}\hat{x}(kT) + \begin{pmatrix} 0,267 \\ 0,0802 \end{pmatrix}y(kT)$$

4.15. Sensibilidad

La sensibilidad de un sistema trata de brindar un parámetro que vincule el desempeño robusto (sensible) ante perturbaciones externas y variaciones de los parámetros.

La función sensibilidad se la expresa como $S_G^M(z)$ que define la sensibilidad de la función de transferencia a lazo cerrado M(z) con respecto a la función de transferencia a lazo abierto G(z) o un parámetro de ganancia presente en G(z) como la ganancia K en este caso es: $S_G^K(z)$.

$$M(z) = \frac{C(z)}{R(z)} = \frac{G(z)}{1+G(z)}$$

La sensibilidad de *M(z)* con respecto a *G(z)* de define como:

$$S_G^M(z) = \frac{dM(z)/M(z)}{dG(z)/G(z)} = \frac{dM(z)}{dG(z)} \cdot \frac{G(z)}{M(z)}$$

sustituyendo resulta:

$$S_G^M(z) = \frac{1}{1+G(z)} = \frac{1/G(z)}{1+1/G(z)}$$

Si $z = e^{j\omega T} = e^{j\Omega}$ entonces $S_G^M(\Omega)$ es función de la frecuencia. Un criterio de diseño puede ser limitar al $\left| S_G^M(\Omega) \right|$ a cierto valor máximo sobre determinado intervalo de frecuencia.

$S_G^M(z)$ es análoga a una función de transferencia a lazo cerrado, si el sistema hacia delante es *1/G(z)*, en consecuencia puede estudiarse con $z = e^{j\omega T} = e^{j\Omega}$ aplicando la carta de Nichols.

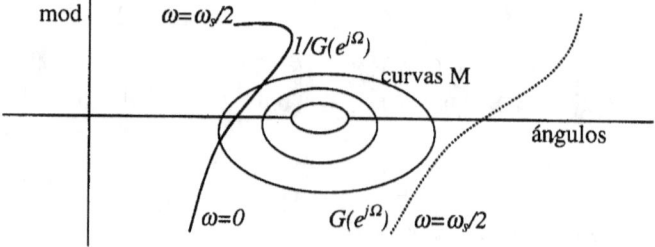

Figura 4-6

Para la sensibilidad más baja la ganancia *G(z)* debe ser grande la que puede causar inestabilidad en el sistema a lazo cerrado. Las condiciones de estabilidad parecen opuestas.

Un sistema es robusto si es baja su sensibilidad, la robustez se alcanza con ganancias de lazo grandes lo que compromete la estabilidad.

4.16. Diseño Robusto

Consideremos el siguiente sistema:

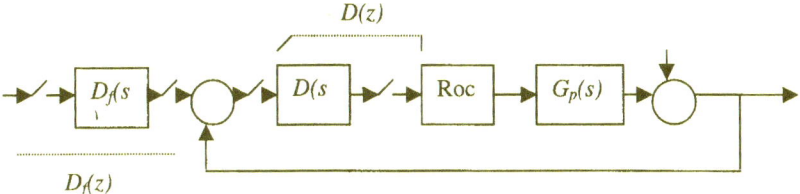

Figura 4-7

El compensador digital es $D(z)$ y el de referencia es $D_f(z)$. La función de transferencia del sistema es:

$$M(z) = \frac{C(z)}{R(z)}\bigg|_{N=0} = \frac{D_f(z).G_{roc}.G_p(z)}{1+D(z).G_{roc}.G_p(z)}$$

La función de transferencia de la perturbación es:

$$\frac{C(z)}{N(z)}\bigg|_{R=0} = \frac{1}{1+D(z).G_{roc}.G_p(z)}$$

Se pretende diseñar $D(z)$ tal que la salida sea insensible a la variación de ganancia del lazo abierto y a la perturbación sobre un intervalo de frecuencias.

$$S_G^M(z) = \frac{dM(z)/M(z)}{dG(z)/G(z)} = \frac{1}{1+D(z).G_{roc}.G_p(z)}$$

La función de transferencia de la sensibilidad y de la perturbación coinciden. esto significa que la supresión de perturbaciones y la robustez con respecto a la variación pueden diseñarse con los mismos esquemas de control.

Aclaremos esto con un **ejemplo**:

Supongamos que

$$G_p(s) = \frac{K}{s(s+10)}$$

Podemos ver la respuesta al escalón para $K = 40, 50$ y 60, lo que se observa un sobreimpulso máximo de 8,35; 14,6 y 21,3 % respectivamente.

Adoptando T=0,1 seg.

$$G_{roc}G_p(s) \leftrightarrow (1-z^{-1})Z\{\frac{K}{s^2(s+10)}\} = \frac{0,003678K(z+0,7183)}{(z-1)(z-0,3679)}$$

El gráfico de $\left|S_G^M(z)\right|$ sin compensar ($D(z)=1$) por Bode poseen la misma forma que

$$\left|\frac{C(e^{j\Omega})}{N(e^{j\Omega})}\right|$$

se muestra para $K=50$.

Note que $\left|S_G^M(z)\right|$ es menor que uno para frecuencias menores que 3 rad/seg.

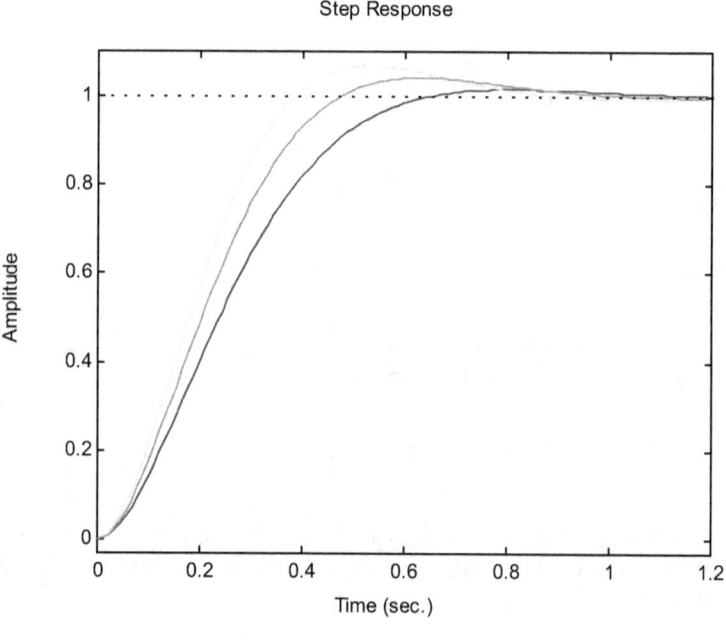

Figura 4-8

Se muestra el lugar de raíces para $K=40,50$ y 60.

La estrategia de diseño del controlador robusto es colocar las dos ceros del controlador cerca del sitio donde se encuentran las raíces dominantes de la ecuación característica de esta forma la sensibilidad será pequeña en una proximidad de los ceros.

Supongamos que los ceros del controlador $D(z)$ estén en $0,6\pm j0,2$ entonces:

$$D(z) = \frac{5z^2 - 6z + 2}{z^2}$$

Se ha aplicado la condición que $D(1)=1$ y añadido dos polos en el origen a fin que sea causal.

Para que el controlador $D(z)$ sea eficaz es necesario eliminar los ceros en $0,6\pm j0,2$ de la función de transferencia a lazo cerrado, de lo contrario las raíces de la ecuación característica que se aproxima a estos ceros pueden ser cancelados.

Se fija la función de transferencia como:

$$D_f(z) = \frac{0,2z^2}{z^2 - 1,2z + 0,4}$$

donde se añaden dos ceros en el origen a fin de aumentar la velocidad de respuesta.

Trazando el lugar de raíces para $K=40$ con función de transferencia de:

$$\frac{C(z)}{R(z)} = \frac{0,1472(z+0,7183)}{z^4 - 0,6321z^3 + 0,01345z^2 - 0,339z + 0,2114}$$

con raíces en $0,66\pm j0,02637$; $-0,3438\pm j0,6055$

y para $K=60$

$$\frac{C(z)}{R(z)} = \frac{0,2207(z+0,7183)}{z^4 - 0,2642z^3 - 0,1638z^2 - 0,5098z + 0,3171}$$

con raíces en $0,6467\pm j0,1108$; $-0,5146\pm j0,687$

Problema:

Diseño de control robusto:

Sea

$$G_{roc}G_p(z) = \frac{K(z+0,8)}{z^2 - z + 0,43} \qquad con \ K = 0,5$$

Diseñe un controlados $D(z)$ a fin que:

El error estacionario sea cero para un escalón.

Respuesta al escalón alcance el 95 % en menos de 10 periodos de muestras, con un sobreimpulso menor que 6%.

El sistema debe ser robusto, de modo que su desempeño cumpla que $0,3<K<0,7$ no altere sus cualidades.

Sugerencia: suponga que $D(z)$ contenga un término $z^2-z+0,3$ o similar.

Problemas

Considere el sistema

$$\dot{x} = -ax + bu$$

$$y = cx$$

Sea la entrada constante durante T (ROC). Muestrear el sistema y explicar como varía el polo del sistema discreto con el intervalo de muestreo T.

Problema 2

Obtener el sistema discreto correspondiente a los siguientes sistemas continuos cuando se emplea un ROC.

a)

$$\dot{x} = \begin{bmatrix} 0 & 1 \\ -1 & 0 \end{bmatrix} x + \begin{bmatrix} 0 \\ 1 \end{bmatrix} u$$

$$y = \begin{bmatrix} 1 & 0 \end{bmatrix} x$$

b)

$$\ddot{y} + 3\dot{y} + 2y = \dot{u} + 3\,u$$

c)

$$\ddot{y} = u$$

Problema 3

Se supone que las ecuaciones en diferencias describen sistemas continuos muestreados empleando un ROC y con periodos de muestreo T ó h. Determinar si es posible, los sistemas continuos correspondientes.

a)

$$y_{(kT)} - 0.5 y_{(kT-T)} = 6\, u_{(kT-T)}$$

b)

$$x_{(kh+h)} = \begin{bmatrix} -0.5 & 1 \\ 0 & -0.3 \end{bmatrix} x_{(kh)} + \begin{bmatrix} 0.5 \\ 0.7 \end{bmatrix} u_{(kh)}$$

$$y_{(kh)} = \begin{pmatrix} 1 & 1 \end{pmatrix} x_{(kh)}$$

c)

$$y_{kh} + 0.5\, y_{kh-h} = 6u_{kh-h}$$

Problema 4

Considere el oscilador armónico siguiente

$$\dot{x}_1 = x_2$$

$$\dot{x}_2 = -\operatorname{sen} x_1 + u \cos x_1$$

$$y = x_1$$

que linealizando alrededor de $u = x_1 \cong 0$ se obtiene

$$\dot{x} = \begin{bmatrix} 0 & 1 \\ -1 & 0 \end{bmatrix} x + \begin{bmatrix} 0 \\ 1 \end{bmatrix} u$$

$$y = \begin{bmatrix} 1 & 0 \end{bmatrix} x$$

Calcule la repuesta a un salto en escalón en 0, h, $2h$, …. cuando el periodo de muestreo es

a) $\quad h = \dfrac{\pi}{2}$

b) $\quad h = \dfrac{\pi}{4}$

Problema 5

Muestrear el sistema $G(s) = \dfrac{1}{s}$ empleando un retenedor de orden 1

Problema 6

Encontrar la matriz de Transformación P que transforme la representación en el espacio de estados del integrador discreto

$$x_{[kh+h]} = \begin{bmatrix} 1 & h \\ 0 & 1 \end{bmatrix} x_{[kh]} + \begin{bmatrix} \dfrac{h^2}{2} \\ h \end{bmatrix} u_{[kh]}$$

$$y_{[kh]} = \begin{bmatrix} 1 & 0 \end{bmatrix} x_{[xh]}$$

en la forma canónica controlable.

Problema 7

Determine la función de transferencia discreta del sistema.

$$x_{[kh+h]} = \begin{bmatrix} 0.5 & -0.2 \\ 0 & 0 \end{bmatrix} x_{[kh]} + \begin{bmatrix} 2 \\ 1 \end{bmatrix} u_{[kh]}$$

$$y_{[kh]} = \begin{bmatrix} 1 & 0 \end{bmatrix} x_{[kh]}$$

Problema 8

Un modelo normalizado de motor de C.C. es

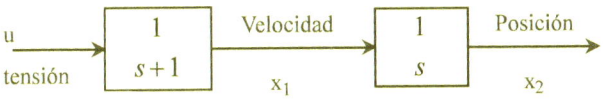

Figura P4-8

$$Y(s) = \frac{1}{s(s+1)} U(s)$$

Demostrar que el sistema muestreado esta descripto por

$$x_{[kh+h]} = \begin{bmatrix} e^{-h} & 0 \\ 1-e^{-h} & 1 \end{bmatrix} x_{[kh]} + \begin{bmatrix} 1-e^{-h} \\ h-1+e^{-h} \end{bmatrix} u_{[kh]}$$

$$y_{[kh]} = \begin{bmatrix} 0 & 1 \end{bmatrix} x_{[kh]}$$

Determinar

a) La función de transferencia discreta.

b) La respuesta discreta ante una entrada paso unitaria

c) La ecuación en diferencias que relacione la entrada y la salida.

d) La variación de polos y ceros de la función de transferencia discreta con el periodo de muestreo.

Problema 9

Se muestrea con $h = 1$ un sistema continuo con función de transferencia:

$$G(s) = \frac{1}{s} e^{-s\tau} \qquad\qquad \text{cuando } \tau = 0.5$$

a) Determinar una representación de estado del sistema muestreado. ¿Cual es el orden del sistema muestreado?

b) Determinar la función de transferencia discreta y la respuesta discreta del sistema muestreado.

c) Determinar los polos y ceros del sistema muestreado.

Problema 10

Resolver el problema 9 con

$$G(s) = \frac{1}{s} e^{-s\tau}$$

$$\tau = 1,5 \text{ y } h = 1$$

Problema 11

El siguiente sistema es

a) Observable.

b) Controlable.

$$x(k+1) = \begin{bmatrix} 0.5 & -0.5 \\ 0 & 0.25 \end{bmatrix} x(k) + \begin{bmatrix} 6 \\ 4 \end{bmatrix} u(k)$$

$$y(k) = \begin{bmatrix} 2 & -4 \end{bmatrix} x(k)$$

Problema 12

Es controlable el sistema

$$x(k+1) = \begin{bmatrix} 1 & 0 \\ 0 & 0.5 \end{bmatrix} x(k) + \begin{bmatrix} 1 & 1 \\ 1 & 0 \end{bmatrix} u(k)$$

Suponga que se introduce una entrada $\hat{u}(k)$ tal que

$$u(k) = \begin{bmatrix} 1 \\ -1 \end{bmatrix} \hat{u}(k)$$

El sistema ¿es solo controlable desde $\bar{u}(k)$?

Problema 13

Dado que el sistema

$$x(k+1) = \begin{bmatrix} 0 & 1 & 2 \\ 0 & 0 & 3 \\ 0 & 0 & 0 \end{bmatrix} x(k) + \begin{bmatrix} 0 \\ 1 \\ 0 \end{bmatrix} u(k)$$

a) Determinar la secuencia de control tal que lleve al sistema desde el estado inicial $x^T(0) = (1, 1, 1)$ hasta el origen.

b) ¿Cual es el mínimo número de pasos para el que se resuelve el problema a?

Problema 14

Sea el sistema

$$x(k+1) = \begin{bmatrix} 1 & 0 \\ 1 & 1 \end{bmatrix} x(k) + \begin{bmatrix} 1 \\ 0 \end{bmatrix} u(k)$$

$$y(k) = \begin{bmatrix} 0 & 1 \end{bmatrix} x(k)$$

Se obtienen los valores

$$y(1) = 0 \qquad\qquad u(1) = 1$$
$$y(2) = 0 \qquad\qquad u(2) = 1$$

Determinar el valor del estado para $k = 3$.

Problema 15

La descripción de un sistema de control de datos discretos dado por

$$x_{(h+1)} = Ax_{(k)} + Bu_{(k)}$$

$$A = \begin{pmatrix} 0 & 0 & 0 \\ 0 & 0.5 & 0 \\ 0 & 0 & 2 \end{pmatrix} \qquad B = \begin{pmatrix} 1 \\ 0 \\ 1 \end{pmatrix}$$

a) Determine la controlabilidad.

b) Es posible estabilizar el sistema con retroalimentación de estado de la forma:

$$u_{(k)} = -\begin{bmatrix} g_1, g_2, g_3 \end{bmatrix} x_{(k)}$$

donde g_1, g_2 y g_3 son constantes reales.

Problema 16

Se muestra el diagrama de flujo de un sistema de control digital. Determine la controlabilidad y observabilidad.

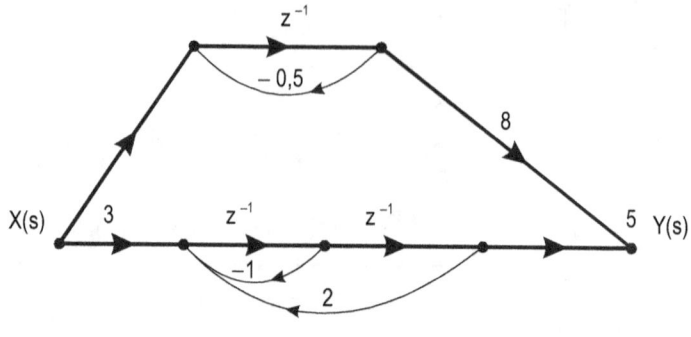

Figura P4-16

Problema 17

Se muestra el diagrama de un control digital. Establezca el valor que "no" debe tomar h para garantizar la controlabilidad y observabilidad completa.

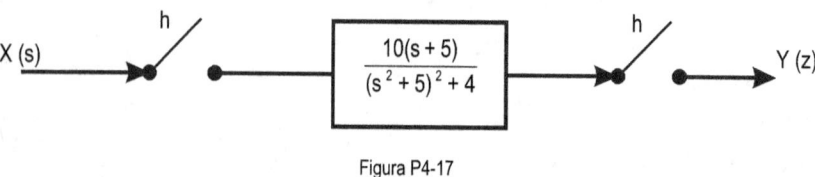

Figura P4-17

Problema 18

Un proceso lineal de tiempo continuo a controlado por un controlador discreto.

Sea $\dot{x}_{(t)} = Ax_{(t)} + Bu_{(t)}$

donde

$$A = \begin{pmatrix} 0 & 1 \\ -1 & 0 \end{pmatrix}$$

$$B = \begin{pmatrix} 0 \\ 1 \end{pmatrix}$$

Se muestrea a h, o sea $u_{(k)} = u_{(kh)}$ para $kh \leq t < (k+1)h$.

Encuentre h para que el sistema sea no controlable, esto es que no es posible llevar el estado inicial $x_{(0)}$ a cualquier estado $x_{(N)}$ para N finito.

Problema 19

La función de transferencia de un control digital es

$$\frac{C_{(z)}}{u_{(z)}} = \frac{1,6\,(z+0,1)}{z^3 + 0,7z^2 + 0,11z + 0,005}$$

a)   Asigne variables d estado de modo que el sistema sea controlable pero no observable.

b)   Asigne variables de estado de modo que sea observable, pero no controlable.

Problema 20

Determine la estabilidad por Liapunov del sistema:

$$x(k+1) = \begin{pmatrix} \cos T & sen T \\ -sen T & \cos T \end{pmatrix} x(k)$$

Problema 21

Determine la función de Liapunov y diseñe el sistema por Liapunov.

Si se desean que los polos estén en $0,5\pm j0,2$ diseñe por la ubicación de los polos y compare ambos diseños. Saque conclusiones.

a) $$x(k+1) = \begin{pmatrix} 1 & -1,2 \\ 0,5 & 0 \end{pmatrix} x(k) + \begin{pmatrix} 1 \\ 0 \end{pmatrix} u(k)$$

$$x(k+1) = \begin{pmatrix} 0,5 & 0 \\ 0 & 0,2 \end{pmatrix} x(k) + \begin{pmatrix} 1 \\ 1 \end{pmatrix} u(k)$$

Problema 22

Considere el siguiente sistema:

$$x(k+1) = \begin{pmatrix} 0 & 1 \\ -0,16 & -1 \end{pmatrix} x(k) + \begin{pmatrix} 0 \\ 1 \end{pmatrix} u(k)$$

Realice un diseño dead bead y obtenga la respuesta si $y(k)=x_1(k)$, comparada con un diseño óptimo de Liapunov

Problema 23

Considere el sistema de doble integrador dado por las ecuaciones:

$$x(k+1) = \begin{pmatrix} 1 & T \\ 0 & 1 \end{pmatrix} x(k) + \begin{pmatrix} T^2/2 \\ T \end{pmatrix} u(k)$$

$$y(k) = \begin{pmatrix} 1 & 0 \end{pmatrix} x(k)$$

donde T es el tiempo de muestreo. La configuración del observador es la mostrada en el teórico. Se desea que el vector de error exhiba una respuesta con oscilaciones muertas (Dead bead).

Obtenga la matriz de realimentación K y diseñe el observador.

A1

Representación de Señales Pasabanda

Se dice que $x(t)$ es una señal de pasabanda si $X(\omega)$ es nula fuera de una banda de frecuencia centrada en ω_c.

Muchas señales que surgen por modulación poseen características de pasabanda, con el agregado de una simetría en la banda que permite un análisis matemático relativamente más simple que señales arbitrarias pasabanda.

Las señales pasabanda se las puede suponer como señales con un cierto espectro de frecuencia que atraviesan un filtro pasabanda ideal centrado en ω_c.

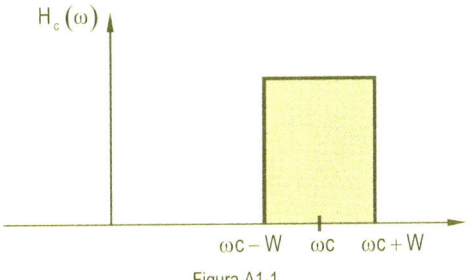

Figura A1-1

Este $H_c(\omega)$ es un filtro pasabanda con ancho de $2\,W$ que se puede obtener partiendo de un filtro pasabajo ideal $H_o(\omega)$ con frecuencia de corte W.

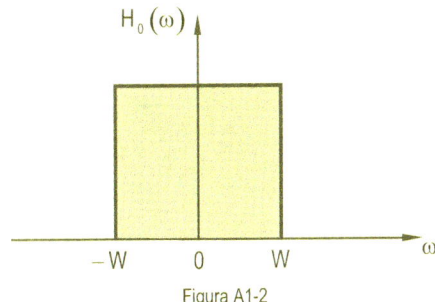

Figura A1-2

Para obtener un $H_c(\omega)$ se puede realizar la siguiente arquitectura que representa un desplazamiento de la característica de frecuencia a ω_c: se denomina transformador de Hilbert:

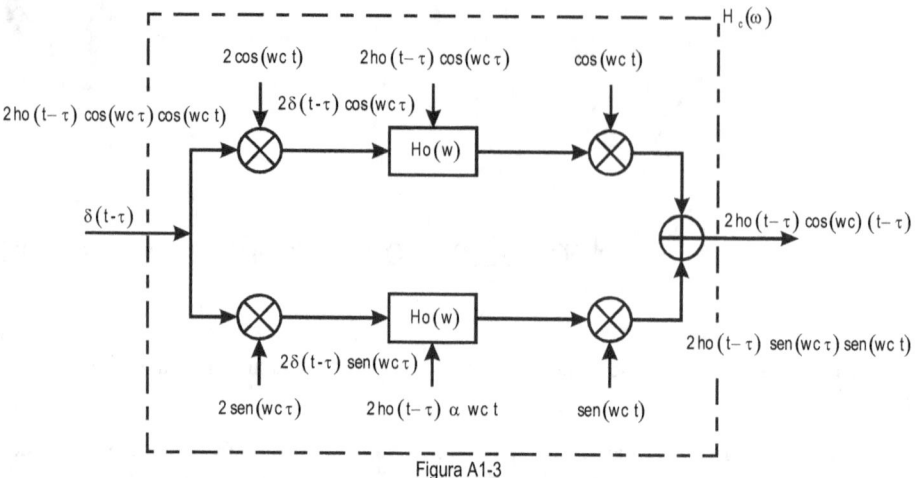

Figura A1-3

Apliquemos $\delta(t-\tau)$, a la entrada la salida total de un filtro pasabanda ideal seria:

$$2ho(t-\tau) \cos \omega c \,(t-\tau)$$

El número 2 que multiplica es por conveniencia pues al convolucionar las señales se divide por dos:

$$2ho(t).\cos \omega ct \qquad \Rightarrow \qquad \frac{2}{2\pi} H_0(\omega) * \pi \cdot \left[\delta(\omega - \omega_c) + \delta(\omega + \omega_c) \right]$$

con $ho(t)$ respuesta del pasabajo ideal. Este modelo representa la salida desplazada a ω_c

Esto lo podemos hacer siguiendo las señales en el gráfico de arriba.

El hecho de ingresar con $\delta(t-\tau)$ y no con $\delta(t)$ es para demostrar que es invariable en el tiempo si ingresa $\delta(t)$ sale $2ho(t) \cos \omega_c t$ que representa un filtro pasabanda ideal.

Si ahora entramos con una señal $x(t)$ arbitraria con valor medio nulo o sea $X(\omega)=0$ si $\omega = 0$ resulta:

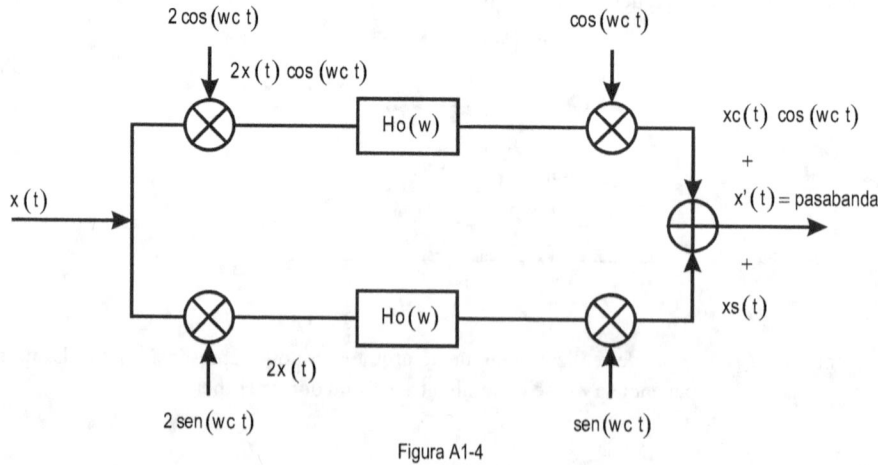

Figura A1-4

Se puede expresar:

$$x(t) = xc\,(t)\,\cos\,\omega_c t + xs\,(t)\,\text{sen}\,\omega_c t$$

Nota: no confundir xs componente del seno con x_s como señal muestrada (sampling)

A $xc(t)$ se la suele denominar componente en fase de $x(t)$ y a $xs(t)$ en cuadratura y ambas están limitadas en frecuencia a $\pm W$ ya que pasan por el filtro pasabajos $Ho(w)$ de corte $\pm W$ si fuese $W <<$ ω_c con ω_c como portadora lentamente variable con relación a ω_c.

Esto también puede expresarse como una señal pasabanda.

$$x(t) = \text{Re}\left\{\tilde{x}(t)\,e^{-jWct}\right\}$$

donde $\tilde{x}(t)$ es la envolvente de la forma

$$xc(t) + j\,xs(t)$$

y entonces

$$x(t) = \text{Re}\left\{xc(t) + j\,xs(t)\left[\cos(\omega_c t) - j\,\text{sen}(\omega_c t)\right]\right\}$$

$$= \text{Re}\left\{xc(t)\cos(\omega_c t) + xs(t)\text{sen}(\omega_c t) + j\left[xs\,\cos(\omega_c t) - xc\,\text{sen}(\omega_c t)\right]\right\}$$

$$x(t) = xc(t)\cos(\omega_c t) + xs(t)\text{sen}(\omega_c t)$$

Ahora como se aplica el teorema del muestreo en señal pasabanda, ¿ es para $xc(t)$ o $xs(t)$ o se debe tener en cuenta ω_c? Y hacer el doble de ésta . De hecho la frecuencia máxima existente es $\omega_c + W$.

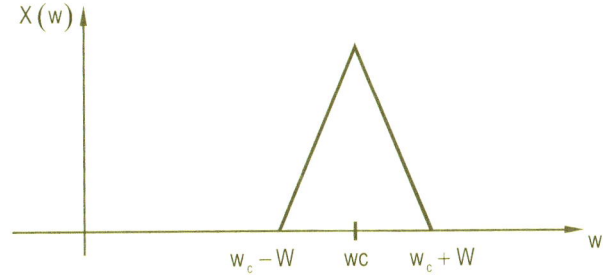

Figura A1-5

Estamos tentados a suponer que $\omega_s \ge 2\,(\omega_c + W)$ y de hecho será cumplido el teorema del muestreo y satisfechas las condiciones, pero como es pasabanda quizás se pueda bajar esta frecuencia de muestreo.

Supongamos por un momento que $\omega_c + W$ sea múltiplo de $2W$ si no es así se puede extender a un W' virtual ligeramente mayor que cumpla con la condición de multiplicidad.

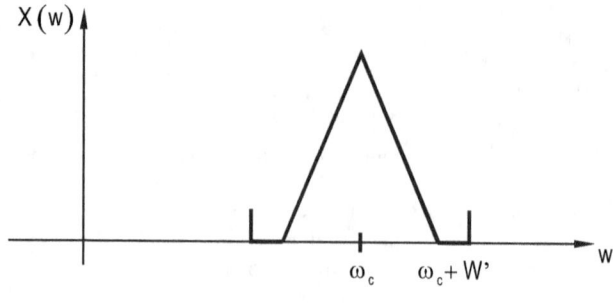

Figura A1-6

La cuestión es que:

$$\frac{\omega_c + W}{2W} = k$$ con k ∈ N mayor entero menor o igual al cociente.

Si muestreamos a $x(t)$ con $\omega_s = 2W$ tasa de Nyquist

resulta que

$$T = \frac{2\pi}{\omega_c} = \frac{\pi}{W}$$

y a $x(t)$ se la puede expresar como:

$$x(nT) = xc(nT).\cos(\omega_c\, nT) + xs(nT).\,sen\,(\omega_c\, nT) \qquad con \qquad n \in \mathbb{Z}$$

Dada la condición de multiplicidad resulta:

$$\omega_c + W = 2kW \qquad \Rightarrow \qquad \omega_c = (2k-1)\, W$$

luego:

$$x(nT) = xc(nT).\cos(W(2k-1)\, nT) + xs(nT).\,sen\,(W(2k-1)nT)$$

Si n fuese par o sea

$$n = 2v \qquad\qquad con\ n \in \mathbb{N}$$

Resulta que

$$cos\,(W\,(2k-1)\,2vT) = cos\,[(2k-1)\,2\pi v] = cos\,(p\,\pi) = (-1)^v$$

y por lo mismo

$$sen\,(W(2k-)\,2vTs) = 0$$

quedando para n par

$$x(nT) = (-1)^{v} \, xc(nT) \qquad\qquad (2)$$

Si n fuese impar digamos

$$n = 2v-1$$

Resulta

$$cos \; (W(2k-1) \; (2v-1) \; T) = 0$$

$$sen \; (W(2k-1) \; (2v-1) \; T) = - (-1)^{\,v+k}$$

Se puede escribir

$$x(nT) = (-1)^{\,v+k+1} \, xs(nT) \qquad\qquad (1)$$

pero xc y xs son señales salidas de pasabajo con frecuencia máxima de W. Resultando que muestreado con T de forma $\omega_s \geq 2W$ se cumple el teorema.

El ajuste y generalización surgió porque el muestreo W es ahora el ampliado a fin que cumpla la condición *(1)* de multiplicidad

$$\frac{w_c + W'}{2W'} = \hat{k}$$

con un W' ampliado a:

Llevado esto a frecuencia $\omega_c + W' = \omega_{mx}$; W' representa el ancho de banda en rad/s en frecuencia seria el ancho de banda $B' = 2W'/2\pi = W'/\pi$ en Hz.

Ahora $\omega_s = 2.2W' = 4W'$ la tasa de Nyquist para una señal con ancho de banda $2W'$ resulta:

$$T = \frac{2\pi}{4W'} = \frac{\pi}{2W'}$$

Llamando $f_{mx} = \dfrac{\omega_c + W'}{2\pi}$ y $f_{min} = \dfrac{\omega_c - W'}{2\pi}$ resulta, como se muestra en el dibujo, que $f'_{max} \geq f_{max}$ y que $f'_{min} \leq f_{min}$

Luego si el ancho es de $2W'$ y se pretende cumplir con el teorema del muestreo, debe ser tal que $\omega = 2.2W'$ considerando a $2W' = 2\pi.B'$ resulta:

$$\frac{f'_{max}}{B'} = \hat{k} \;\; \Rightarrow \;\; \frac{2f'_{max}}{\hat{k}} = f_s \;\;\; o \;\;\; f_s \geq \frac{2f'_{max}}{\hat{k}}$$

entonces:

$$\frac{f'_{max}}{B'} = \frac{f'_{min}}{B'} + 1 = \hat{k} \quad ; \quad \frac{f'_{min}}{B'} = \hat{k} + 1 \Rightarrow \frac{2f'_{min}}{\hat{k} - 1} = f_s$$

$$f_s \geq \frac{2f'_{min}}{\hat{k} - 1}$$

luego

$$f_s \geq \frac{2f_{max}}{\hat{k}} \quad ademas \quad f_s \geq \frac{2f_{min}}{\hat{k} - 1}$$

Ejemplos

Ejemplo 1

Un canal con B entre 0,3 a 3,4 KHz , se toma

$$\left.\frac{3,4}{3,1}\right|_{real} = 1,1 \qquad \text{lo que se adopta} \qquad k = 1$$

$$y \ T = 1/2fmx \qquad \Rightarrow \qquad f_s = 6,8 \ KHz$$

como vemos la banda no influye en este caso porque es muy próxima al origen.

Ejemplo 2

Si fuese para un grupo primario de multicanalización por división de frecuencia con la banda entre 60 kHz y 108 kHz resulta: $k = 2$ con lo que nos brinda

$$\hat{k} = \frac{f_{max}}{B} = \frac{108}{48} = 2,.. \quad \hat{k} = 2 \quad , \quad f_s \geq 108 \ kHz$$

que es considerablemente menor que si tomara 2 x 108 KHz.

Ejemplo 3

$x(t)$ señal pasabanda entre 35 Hz y 60 Hz

luego

$$B = 25 \ Hz \qquad y \qquad \left.\frac{fmx}{B}\right|_{real} = 2,4 \qquad \Rightarrow \qquad k = 2$$

entonces

$$f_s \geq 60$$

A2

Ecuaciones en diferencia (Eed)

Las ecuaciones en diferencia lineales poseen una semejanza con la EDO. De hecho las EDO expresan relaciones de entradas y salidas de SLIT en tiempo continuo, y la Eed las relaciones en tiempo discreto.

Para la variable tiempo discreto se suele adoptarse la letra n o k y es un entero, o un natural o a veces un natural y el cero, de todas formas siempre es discreta y representa al tiempo, así como la letra t en el caso continuo.

Veamos como surge la necesidad de estas ecuaciones con un ejemplo simple:

Un criadero de conejos sabe que cada pareja tiene 12 crías al mes, o sea incrementa los conejos en 6 por 1.

Se desea conocer el número de conejos al fin del año (12 meses)

El planteo de solución es partiendo de supongamos dos conejos así:

$$x(0) = 2$$
$$x(1) = x(0) + 6.x(0) = 7x(0) = 2+6.2 = 14$$
$$x(2) = x(1)+6.x(1) = 7x(1) = 7^2 x(0) = 14+12 = 26$$
$$x(3) = x(2)+6x(2) = 7x(2) = 7^3 x(0) = 686$$
$$\vdots$$
$$x(n+1) = 7^n x(0)$$
$$x(12) = 7^{11} x(0) = 3.954.653.486$$

A fin de estudiar comparaciones veamos una EDO de primer orden homogénea y una Eed de primer orden, homogénea también.

Sea:

$$y' + ay = 0 \qquad y(0) = 1$$

$$\frac{dy}{dt} = -ay \qquad \frac{dy}{y} = -at \qquad Lny = -at \quad solucion\ general\ y = Ce^{-at}$$

$$y = e^{-at} \qquad \text{solución particular}$$

Sea:

$$y(n+1) + ay(n) = 0 \qquad y(0) = 1$$
$$y(1) = -ay(0) = -a$$
$$y(2) = -ay(1) = a^2$$
$$y(n) = (-1)^n a^n$$

La "forma" de solución es tal que la ecuación característica de ambas ecuaciones diferencial y en diferencia poseen digamos la raíz r, entonces en la EDO la solución es de la forma e^{rt} y en la Eed de la forma r^n

A2.2. Diferencia

Se denomina primer diferencia a :

$$\Delta x(n) = x(n+1) - x(n)$$

Esta diferencia que puede ser aplicando el operador Δ posee propiedades interesantes:

1- La diferencia de una constante por la función es la constante por la diferencia de la función:

$$\Delta\{ax(n)\} = a\Delta\{x(n)]\}$$

2- La diferencia de la suma de funciones es la suma de las diferencias

$$\Delta\{u(n) + v(n)\} = \Delta\{u(n)\} + \Delta\{v(n)\}$$

A2.3. Suma

Si dos funciones $U(n)$ y $u(n)$ satisfacen que $\Delta U(n) = u(n)$, entonces $u(n)$ se denomina diferencia de $U(n)$ y recíprocamente $U(n)$ es suma de $u(n)$.

$u(n)$ es una solución de la ecuación $\Delta U(n) = u(n)$, o ampliando $U(n+1) - U(n) = u(n)$.

Se denota con: $\Delta^{-1} u(n) = U(n) + C$, C es una constante, pues la inversa de la diferencia no es una biyección ya que $U(n)$ puede tomar valores dentro de la familia de $U(n) + C$ y cumplir con la ecuación.

Se denominan a Δ y Δ^{-1} operadoras en el sentido que se pueden "aplicar"

$$\Delta^{-1}(\Delta U(n)) = \Delta^{-1}\Delta U(n) = U(n) + C$$

en sentido amplio, Δ^{-1} y Δ son operaciones inversas, equivalente a derivar e integrar.

A2.4. Corrimientos

Se suele indicar los corrimientos de las funciones con operadores desplazamiento, como:

$$S[x(n)]=x(n+1)$$ adelanto

$$D[x(n)]=x(n-1)$$ atraso

Se puede generalizar a corrimientos mayores que uno:

$$x(n+3)=S^3[x(n)]$$

De esta forma la ecuación característica de una Eed puede expresarse como polinomio:

Por ejemplo:

$$x(n+2)+5x(n+1)-6x(n)=r(n)$$

$$(S^2+5S-6)x(n)=r(n)$$

Ejemplo 1

Sea

$$x(n+1)-ax(n)=b \qquad\qquad a\neq 1$$

Buscamos la solución de la ecuación homogénea: $u(n+1)-au(n)=0$

esto significa:

$$u(1)=au(0)$$
$$u(2)=au(1)=a^2u(0)$$
$$u(3)=a^3u(0)$$
$$\vdots$$
$$u(n)=a^nu(0)$$

La solución posee la forma de $u(n)=C.a^n$ y verificamos si puede ser para cualquier numero C ensayando esta solución en la ecuación : $Ca^{n+1}-aCa^n=0$ para todo C, luego es solución general de la homogénea.

Ahora, expresado como primer diferencia es:

$$u(n+1)-u(n)=(a-1)u(n) \text{ o } \Delta u(n)=(a-1)u(n); \; u(n)=(a-1)\,\Delta^{-1}\{u(n)\}$$

luego

$$\Delta^{-1}\{u(n)\}=\frac{u(n)}{1-a}$$

Adoptando para $u(n)=a^n$ que es solución se puede poner: $\Delta^{-1}\{a^n\} = \dfrac{a^n}{1-a}$ [1]

La constante C la consideramos uno para no arrastrarla inútilmente, el lector puede darse cuenta que si la considera se traslada al resultado sin afectar este concepto.

La ecuación que queremos resolver es: $x(n+1)-ax(n)=b$, si aplicamos el símil del método de los coeficientes indeterminados se propone que $x(n)=u(n).v(n)$ donde $v(n)$ es una función a determinar.

$$x(n+1)=u(n+1)v(n+1);$$

reemplazando:

$$u(n+1)v(n+1)-au(n)v(n)=b$$

Si

$$v(n+1)-v(n)= \Delta v(n), \qquad\qquad u(n+1)\,\Delta v(n)+u(n+1)v(n)-au(n)v(n)=b$$

conduce a:

$$\Delta v(n)u(n+1)=b$$

pues $u(n)$ es solución de la homogénea.

$$v(n)= \Delta^{-1}\{\frac{b}{u(n+1)}\} =\Delta^{-1}\{\frac{b}{a^{n+1}}\} = \frac{b}{a}\Delta^{-1}\{\frac{1}{a^n}\}$$

Por lo visto en [1] resulta:

$$v(n) = \frac{b}{a}\cdot\frac{\dfrac{1}{a^n}}{\dfrac{1}{a}-1}+C$$

$$x(n)=u(n).v(n) = C.a^n + \frac{b}{1-a}$$

solución general de la Eed.

Este método es sistemático pero muchas veces extensos, el utilizar el factor integrante puede ser mucho más rápido para resolver las Eed.

$$x(n) = \underbrace{u(n)}_{solucion\ hom\,ogenea} + \underbrace{p(n)}_{solucion\ particular}$$

Como solución homogénea se obtiene $u(n)=Ca^n$ y como solución particular

$x(n)=u(n)+K$ proponemos solución particular a una constante K por ser b una constante.

reemplazando:

$$Ca^{n+1}+K-aCa^n-aK=b \qquad \text{esto es} \qquad K(1-a)=b$$

luego

$$K = \frac{b}{1-a}$$

y se obtiene la solución El problema es encontrar la solución particular, para esto existen propuestas estándar, tanto para EDO como para Eed, siendo "semejantes".

A2.5. Método de la suma parcial

Sea:

$$u(n)\Delta v(n)=u(n)[v(n+1)-v(n)=u(n)v(n+1)-u(n)v(n)$$

como

$$\Delta\{u(n)v(n)\}=u(n+1)v(n+1)-u(n)v(n)$$

siendo

$$u(n+1)= \Delta u(n)+u(n)$$

resulta

$$u(n) \Delta v(n)= \Delta u(n)v(n+1)+u(n)v(n+1)-u(n)v(n)$$
$$=\Delta u(n)v(n+1)+u(n) \Delta v(n)$$

Se puede decir que:

$$u(n) \Delta v(n)= \Delta\{u(n)v(n)- \Delta u(n)v(n+1)$$
$$\Delta^{-1}\{u(n) \Delta v(n)\}= \Delta^{-1}\Delta\{u(n)v(n)\}- \Delta^{-1}\{v(n+1) \Delta u(n)\}$$

$$\Delta^{-1}\{u(n) \Delta v(n)\}= u(n)v(n)- \Delta^{-1}\{v(n+1) \Delta u(n)\} \qquad [2]$$

Esta última expresión equivalente a la integral por partes es la que puede usarse para resolver Eed.

Por ejemplo:

$$x(n+1)-ax(n)=r(n)$$

La ecuación homogénea es $u(n+1)-au(n)=0$ y posee solución $u(n)=Ca^n$

si

$$x(n)=u(n).v(n) = Ca^n v(n)$$

reemplazando

$$Ca^{n+1}.v(n+1)-aCa^nv(n)=r(n)$$

$$Ca^{n+1}\Delta v(n)=r(n) \qquad\qquad \Delta v(n) = \frac{r(n)}{a^{n+1}}$$

$$v(n) = \Delta^{-1}\{\frac{r(n)}{a^{n+1}}\} + K$$

a la constante K la podemos tomar dentro de la constante C

$$x(n)=u(n).v(n)= Ca^n + a^n\Delta^{-1}\{\frac{r(n)}{a^{n+1}}\}$$

Para el cálculo de $v(n) = \Delta^{-1}\{\frac{r(n)}{a^{n+1}}\} + K$ es que se recurre a la propiedad [2] el lector puede aplicarla para obtener un modelo de solución.

Sin duda el factor integrante es la mejor manera de resolver estas Eed, el inconveniente es encontrar una solución particular, que depende de la $r(n)$ por ello se dan algunas pautas que son usadas para las Eed simples y quizá más frecuentes:

Tabla de soluciones particulares propuestas según sea la excitación o entrada

Entrada $r(n)$	Solución particular $x_p(n)$
n^p	$c_pn^p+c_{p-1}n^{p-1}+...+c_1n+c_o$
a^n	$C.a^n$
$n^p.a^n$	$a^n[c_pn^p+c_{p-1}n^{p-1}+...+c_1n+c_o]$

Así por ejemplo:

$$x(n+1)-3x(n)=2n-5$$

Proponemos como solución particular a c_1n+c_2

A la solución homogénea la calculamos como hemos visto y $u(n)=C3^n$

Luego la solución propuesta es

$$x(n)=C3^n+c_1n+c_2$$

reemplazando en $x(n+1)-3x(n)=2n-5$

$$C3^{n+1}+c_1(n+1)+c_2 -3[C3^n+c_1n+c_2]=2n-5$$

lo que conduce a

$$-2c_1n-2c_2+c_1=2n-5$$

Dando valores a n resulta

$$c_1=-1 \qquad\qquad c_2=2$$

Luego la solución es

$$x(n)=C3^n-n+2$$

Otro ejemplo:

$$x(n+1)-3x(n)=2^n$$

Se propone:

$$x(n)=C3^n+c_1a^n$$

reemplazando:

$$c_1a^n(a-3)=2^n \qquad\qquad \text{luego} \qquad a=2 \qquad y \qquad c_1=-1$$

La solución general es:

$$x(n)=C3^n-2^n$$

A2.6. Ecuaciones en diferencia de orden superior

Repitamos el caso de los conejos, pero ahora se supone que nacen cada dos meses o sea las crías son a partir del segundo mes.

Esto conduce a una Eed de la forma:

$x(n)=x(n-1)+6x(n-2)$ y puesto que es cada dos meses esta ecuación es válida para $n>1$, así si se asigna inicial $x(0)=2$, será $x(1) = 2$

Entonces:

$$x(2)=x(1)+6x(0) = 14$$
$$x(3)=x(2)+6x(1)=26$$
$$\vdots$$

La Eed puede ser escrita como: $x(n)-x(n-1)-6x(n-2)=0$ $n=2,3,4...$

o especulando matemáticamente:

$$x(n+2)-x(n+1)-6x(n)=0 \qquad\qquad n=0,1,2...$$

Surge ahora la necesidad de definir la diferencia segunda o sea:

$$\Delta x(n) = x(n+1)-x(n)$$

$$\Delta^2 x(n)= \Delta x(n+1)- \Delta x(n)$$

reemplazando resulta:

$$\Delta^2 x(n)=x(n+2)-2x(n+1)+x(n)$$

Así la Eed dada se puede expresar como:

$$\Delta^2 x(n)+ \Delta x(n) - 6x(n) = 0$$

y resolverse con técnicas de doble diferencia que si bien son un tanto extensas constituye un método sistemático de resolución. Nosotros instalamos la inquietud pero lo resolvemos como factor integrante o sea buscando una solución particular. Es además en los casos lineales posible utilizar técnicas de transformaciones operacionales que simplifican notablemente estas resoluciones.

A2.7. Solución de la Eed de segundo orden homogénea a coeficientes constantes

Sea la Eed de la forma

$$x(n+2)+ax(n+1)+b(x(n)=0$$

se propone como solución a $u_1(n)=C_1 r^n$

y vemos si cumple:

$$C_1\{r^{n+2}+ar^{n+1}+br^n\}=0 \qquad\qquad C_1 r^n[r^2+ar+b]=0$$

la ecuación característica es entonces $r^2+ar+b=0$ y si C_1 no es nulo, la forma de cumplir la ecuación en diferencia es satisfaciendo la ecuación característica, surgen las raíces r_1 y r_2 que pueden ser:

Caso I

r_1 y r_2 son reales distintas, en este caso la solución general propuesta es de la forma:

$$x(n)=C_1 r_1^n+C_2 r_2^n$$

con C_1 y C_2 constantes, para verificar esta propuesta veremos si cumple con la Eed dada, reemplazando

$$C_1 r_1^{n+2}+ C_2 r_2^{n+2}+a\, C_1 r_1^{n+1}+a\, C_2 r_2^{n+1}+b\, C_1 r_1^n+ bC_2 r_2^n=0$$

acomodando:

$$C_1 r_1^{n+2}+ a\, C_1 r_1^{n+1}+ b\, C_1 r_1^n+ C_2 r_2^{n+2} +a\, C_2 r_2^{n+1} +bC_2 r_2^n=0$$

Como r_1 y r_2 son raíces de la ecuación característica, se cumple.

Caso II

Si $r_1=r_2=r$ se trata de dos raíces reales iguales entonces la solución propuesta es de la forma:

$$x(n) = [C_1+nC_2]r^n$$

para verificar esta propuesta veremos si cumple con la Eed dada:

$$[C_1+C_2(n+2)]r^{n+2} +[aC_1+aC_2(n+1)]r^{n+1}+ b[C_1+C_2n]r^n=0$$

acomodando

$$C_2(n+2)r^2+aC_2(n+1)r+bC_2n=0$$

surge:

$$n(r^2+ar+b)+2r^2+ar=0 \qquad\qquad [3]$$

siendo r solución de la ecuación característica anula lo que esta en paréntesis, además como es raíz

doble resulta: $r = -\dfrac{a}{2}\pm\dfrac{\sqrt{a^2-4b}}{2} = -\dfrac{a}{2}$ lo cual anula la expresión [3] y satisface la ecuación

Caso III

si las raíces son complejas conjugadas, estamos en el Caso I pero se pueden acomodar para no trabajar con números complejos de la siguiente forma:

$$r_1 = \alpha + j\beta \qquad r_2 = \alpha - j\beta$$
$$x(n) = \alpha^n [K_1\cos\beta n + K_2 sen\beta n]$$

Ejemplo 1

$$x(n+2)-4x(n+1)+4x(n)=0 \quad x(0)=1 \ ; \ x(1)=4$$

Ecuación característica:

$$r^2-4r+4=0$$

$$r_1=r_2=2$$

luego

$$x(n)=(C_1+C_2n)2^n \qquad\qquad \text{solución general}$$
$$x(0)=C_1=1$$
$$x(1)=(C_1+C_2)2 =4 \qquad\qquad C_2=1$$

$x(n)=(1+n)2^n$ solución particular

Ejemplo 2

$x(n+2)+2x(n+1)+4x(n)=0 \; x(0)=2 \; x(1)=-2(1+\sqrt{3})$

$r^2+2r+4=0$

$r_1= -1+j\sqrt{3} \; r_2= -1-j\sqrt{3}$

$x(n)=(-1)^n[K_1 \cos n\sqrt{3} + K_2 \, sen \, n\sqrt{3}]$ solución general

$x(0)=2=K_1$

$x(1)=- [2 \cos \sqrt{3} + K_2 \, sen \, \sqrt{3}] = -2(1+\sqrt{3}) \; ; \; K_2=$

Problemas

Resolver:

a) $x(n+2)-5x(n+1)+6x(n)=0 \; x(0)=x(1)=1$

b) $x(n+2)+6x(n+1)+9x(n)=0$

c) $x(n+2)+x(n)=0 \; x(0)=a \; ; \; x(1)=b$

Auxilio Matematico

Series:

$$\sum_{k=1}^{\infty} \frac{1}{k^2} = \frac{\pi^2}{6}$$	$$\sum_{k=1,impar}^{\infty} \frac{1}{k^2} = \frac{\pi^2}{8}$$
$$\sum_{k=1}^{\infty} \frac{1}{k^4} = \frac{\pi^4}{90}$$	$$\sum_{k=1,impar}^{\infty} \frac{1}{k^4} = \frac{\pi^4}{96}$$

Sumas:

$$\sum_{k=1}^{N} k = \frac{1}{2} N(N+1)$$	$$\sum_{k=1}^{N} k^2 = \frac{1}{6} N(N+1)(2N+1)$$
$$\sum_{k=1}^{N} k^3 = \frac{1}{4} N^2 (N+1)^2$$	$$\sum_{k=0}^{N} a^k = \begin{cases} \dfrac{1-a^{N+1}}{1-a}, & si\ a \neq 1 \\ N+1, & si\ a = 1 \end{cases}$$

Series geométricas:

$$\sum_{k=0}^{\infty} a^k = \frac{1}{1-a}, \ si\ |a| < 1$$	$$\sum_{k=1}^{\infty} a^k = \frac{a}{1-a}, \ si\ |a| < 1$$
$$\sum_{k=1}^{\infty} ka^k = \frac{a}{(1-a)^2}, \ si\ |a| < 1$$	$$\sum_{k=1}^{\infty} k^2 a^k = \frac{a^2+a}{(1-a)^3}, \ si\ |a| < 1$$
$$\sum_{k=-\infty}^{\infty} e^{-a|k|} = \frac{1+e^{-a}}{1-e^{-a}}, \ \ si\ a > 0$$	

A3

Expansión en Fracciones Simples (conocidas)

Las funciones racionales de la variable s se suelen indicar $R(s)$ y se pueden expresar como el cociente de dos polinomios en s (de ahí el nombre de racionales):

$$R(s) = \frac{P(s)}{Q(s)}$$

El grado del numerador es m y el grado del denominador n, suponiendo que están ordenadas en potencias decrecientes de s será:

$$R(s) = \frac{a_n s^n + a_{n-1} s^{n-1} + ... + a_0}{s^m + b_{m-1} s^{m-1} + ... + b_0}$$

Todos los coeficientes a_i y b_i son constantes reales. Se ha hecho el coeficiente $b_1 = 1$ por simple comodidad.

Vamos a considerar el caso que $R(s)$ sea fracción "propia", es decir, si $n > m$, si fuese $n < m$, fracción impropia, entonces se puede dividir (numerador por denominador de $R(s)$) y generar una fracción propia (recordando la división):

$$\begin{array}{c|c} P(s) & Q(s) \\ S(s) & C(s) \end{array}$$

ó

$$R(s) = C(s) + \frac{S(s)}{Q(s)}$$

Siendo $S(s)$ el resto de la división, es siempre de menor grado que el divisor y el resultado de la división se transforma en un polinomio que es el cociente más una fracción propia.

Supongamos de momento que se cumple que $n \leq m$, más aún estrictamente que $n < m$.

Se va a tratar de descomponer esta función racional, fracción propia $R(s)$ en una suma de funciones racionales cuya antitransformación (ó integración) sea conocida como la son de los tipos indicados abajo, que por ser conocidas se denominan "simples".

1. $\dfrac{A}{s - s_0}$

2. $\dfrac{A}{(s - s_0)^p}$ $p \in N \; ; \; p > 1$

3. $\dfrac{As + B}{s^2 + as + b}$ si $s^2 + as + b$ posee raíces complejas conjugadas

4. $\dfrac{As + B}{(s^2 + as + b)^r}$ Si $s^2 + as + b$ posee raíces complejas conjugadas de multiplicidad r

El primer paso consiste en descomponer $Q(s)$ en factores de primer orden o segundo orden si poseen raíces complejas, con coeficientes reales es lo que se denomina "descomposición en fracciones simples":

$$R(s) = \frac{P(s)}{Q(s)} = \frac{P(s)}{(s - s_0)(s - s1) \ldots (s - s_i)^p (s^2 + as + b)}$$

Los valores

$$s_0, \; s_1, \ldots s_i, \; s_n$$

que anulan al denominador y no al numerador se denominan ceros del polinomio denominador y polos de la función racional. El teorema de la descomposición en fracciones simples nos dice: "*R(s) se puede expresar como una suma de fracciones cuya integra es conocida, de la siguiente forma*"

$$R(s) = \frac{P(s)}{Q(s)} = \frac{A_0}{(s - s_0)} + \frac{A_1}{(s - s_1)} + \frac{A_{i.p}}{(s - s_i)^p} + \frac{A_{i(p-1)}}{(s - s_i)^{p-1}} + \ldots + \frac{A_{i1}}{(s - s_i)} + \frac{Bs + C}{s^2 + as + b} + \ldots$$

El problema es evaluar los números

$$A_j; \; A_{ij}; \; B_j; \; C_j \;\; \text{etc.}$$

que aparecen en los numeradores y que podemos por ahora, en estos casos, denominar residuos de la expansión en los polos de $R(s)$. A propósito el teorema del álgebra que asegura esta descomposición se denomina **Teorema de Heaviside**.

A fin de estudiar los casos en forma sistemática, se presentan cuatro casos posibles y su tratamiento:

Caso 1

$Q(s)$ posee raíces reales distintas de primer orden.

Caso 2

$Q(s)$ posee raíces reales de primer orden repetidas de multiplicidad p.

Caso 3

$Q(s)$ posee raíces complejas conjugadas simples.

Caso 4

$Q(s)$ posee raíces complejas conjugadas repetidas de orden k.

Caso 1

El caso general es

$$R(s) = \frac{A_0}{s-s_0} + \frac{A_1}{s-s_1} + \quad + \frac{A_n}{s-s_n}$$

Si se multiplican ambos miembros por $(s - s_k)$ resulta:

$$(s-s_k)\,R(s) = \frac{A_0(s-s_k)}{s-s_0} + \frac{A_1(s-s_k)}{s-s_1} + A_k + + \ldots\ldots$$

Tomando límite para $s \rightarrow s_l$ se anulan los sumandos, menos el A_k luego:

$$A_k = \lim_{s\to s_k}\left[(s-s_k)\,R(s)\right]$$

Ejemplo

$$R(s) = \frac{s+3}{(s+1)(s+2)} = \frac{A_0}{(s+1)} + \frac{A_1}{(s+2)}$$

$$A_0 = \lim_{s\to-1}\frac{s+3}{s+2} = 2$$

$$A_1 = \lim_{s\to-2}\frac{s+3}{s+1} = -1$$

Caso 2

Polos reales múltiples. Caso general:

$$R(s) = \frac{A_{1p}}{(s-s_1)^p} + \frac{A_{1p-1}}{(s-s_1)^{p-1}} + \ldots + \frac{A_{11}}{s-s_1}$$

La obtención de residuos A_{ik} para estos casos, es utilizando la expresión:

$$A_{ip} = \lim_{s\to si}(s-s_i)^p\,R(s)$$

$$A_{i(p-1)} = \lim_{s \to si} \left[\frac{d}{ds}(s - s_i)^p \ R(s) \right]$$

$$A_{i(p-k)} = \lim_{s \to si} \frac{1}{k!} \frac{d^k}{ds^k} [(s - s_i)^p \ R(s)]$$

Ejemplo

Sea

$$R(s) = \frac{s-1}{(s+2)^3}$$

la expansión propuesta es:

$$R(s) = \frac{A}{(s+2)^3} + \frac{B}{(s+2)^2} + \frac{C}{s+2}$$

$$A = \lim_{s \to -2} \frac{s-1}{(s+2)^3} (s+2)^3 = \lim_{s \to -2} s - 1 = -3$$

$$B = \lim_{s \to -2} \left[\frac{d}{ds}(s-1) \right] = \lim_{s \to -2} 1 = 1$$

$$C = \lim_{s \to -2} \frac{1}{2} \frac{d^2}{ds^2} (s-1) = 0$$

luego:

$$R(s) = \frac{-3}{(s+2)^3} + \frac{1}{(s+1)^2}$$

con

$$r(t) = -3 \frac{t^2}{2} e^{-2t} + t \ e^{-2t}$$

Existen muchas otras formas de obtener los residuos, aun métodos gráficos, para lo cual al alumno interesado se le recomienda leer el tema en textos de **Análisis Matemático I** ó **II**, bajo el título de *Integración de Funciones Racionales*.

Los Casos 3 y 4 implican valores complejos.

Caso 3

Ceros de $Q(s)$ son conjugados complejos:

Se los puede tratar como el *Caso 1* operando con valores complejos, o descomponer en una fracción cuyo denominador es un polinomio cuadrático a coeficientes reales y cuyo numerador es un polinomio lineal (de grado uno a lo sumo)

El caso general sería:

$$R(s) = \frac{A_0}{s - s_0} + \frac{A_1}{s - s_1} + \frac{Bs + c}{s^2 + as + b} + \ .....$$

El polinomio $s^2 + as + b$ posee raíces complejas conjugadas, lo mantenemos sin descomponer para trabajar con coeficientes y cantidades reales puras.

La determinación de B y C se puede hacer igualando los polinomios numeradores y denominadores de la fracción $R(s)$, de esta igualdad ensayar valores para la variable s arbitrarios, (se utilizan el cero, uno o menos uno) y se determinan los valores de las constantes B y C. Una mejor explicación queda a través de un ejemplo.

Ejemplo

$$R(s) = \frac{P(s)}{Q(s)} = \frac{s - 3}{(s + 1)\ (s^2 + 2)} = \frac{A_0}{s + 1} + \frac{Bs + C}{s^2 + 2}$$

$$A_0 = \lim_{s \to -1} \frac{s - 3}{s^2 + 2} = -4/3$$

Operando la expresión, sacando denominador común:

$$\frac{s - 3}{(s + 1)\ (s^2 + 2)} = \frac{A_0(s2 + 2) + (Bs + C)(s + 1)}{(s + 1)\ (s^2 + 2)}$$

a denominadores iguales corresponde numeradores iguales, para todo valor de s posible, esto es una "igualdad". Luego

$$s - 3 = A_0\ s^2 + 2\ A_0 + B\ s^2 + B\ s + C\ s + C$$

$$s - 3 = (A_0 + B)\ s^2 + (B + C)\ s + C + 2A$$

dos polinomios son iguales, si se corresponden sus coeficientes:

$A_0 + B = 0$ \qquad\qquad de donde $B = -A_0 = 4/3$

$B + C = 1$ \qquad\qquad de donde $C = 1 - B = -1/3$

$C + 2\ A_0 = -3$

Nota: Una ecuación es redundante pues ya se conoce A_0.

Caso 4

Similar al *Caso 2*, trabajando con fracciones cuadráticas como el *Caso 3*, el alumno puede intentar resolver estos tipos de casos que son muy pocos frecuentes.

Ejemplo

$$F(s) = \frac{1}{s(s-2)} = \frac{A}{s} + \frac{B}{s-2}$$

A y B son los residuos, números que hay que determinar

$$\frac{A(s-2) + Bs}{s(s-2)} = \frac{1}{s(s-2)}$$

luego

$$A(s-2) + Bs = 1$$

Si

$$s = 0$$
$$-2A = 1$$
$$A = -\frac{1}{2}$$

Si

$$s = 2$$
$$2B = 1$$
$$B = \frac{1}{2}$$

Luego

$$\frac{1}{s(s-2)} = \frac{-1/2}{s} + \frac{1/2}{s-2}$$

esto es por el álgebra, la antitransformada será de cada sumando:

$$L^{-1}\{F(s)\} = \frac{1}{2} + \frac{1}{2}e^{2t}$$

Ejemplo

$$F(s) = \frac{3s+2}{(s^2+4)(s-1)} = \frac{A}{s-1} + \frac{Bs+C}{s^2+4}$$

Como $s^2 + 4$ posee raíces complejas se le puede hacer corresponder un polinomio lineal al numerador como:

$Bs + C$

Ahora hay que determinar el valor de A, B, C. Como hicimos anteriormente, sacando mínimo común denominador:

$$\frac{3\,s+2}{(s^2+4)\,(s-1)} = \frac{A(s^2+4)+(Bs+C)\,(s-1)}{(s^2+4)\,(s-1)}$$

Para que esta "igualdad" sea satisfecha es necesario que los denominadores y los numeradores de las expresiones sean iguales, luego.

$$3\,s+2 = (A+B)\,s^2 + (C-B)\,s + 4\,A - C$$

La igualdad de polinomios (igual coeficientes de la misma potencia de s resulta:

$A + B = 0$

$C - B = 3$

$4A - C = 2$

Resolviendo:

$A + C = 3$

$C = 3 - A$

$4\,A + A - 3 = 2$

$5\,A - 3 = 2 \;\Rightarrow\; A = 1$

Si

$A = 1$

$B = -1$

$C = 2$

$$F(s) = \frac{1}{s-1} + \frac{-s+2}{s^2+4} = \frac{1}{s-1} - \frac{s}{s^2+4} + \frac{2}{s^2+4}$$

$$L^{-1}\{F(s)\} = f(t) = e^t - \cos 2\,t + \operatorname{sen} 2\,t$$

Problemas

Hallar la transformada inversa de cada una de las siguientes funciones

1. $X(s) = \dfrac{1}{s^2+9}$

2. $X(s) = \dfrac{4}{s-2}$

3. $X(s) = \dfrac{1}{s^4}$

4. $X(s) = \dfrac{s}{s^2+2}$

Teorema de Cayley – Hamilton

A4.1. Funciones de una matriz

Toda función real valuada de un escalar t se puede expresar mediante una serie convergente de Mc Laurin de la siguiente forma:

$$f(t) = \sum_{k=0}^{\infty} [\frac{d^k}{dt^k} f(t)\Big|_{t=0} \cdot \frac{t^k}{k!}]$$

se puede utilizar el mismo tipo de desarrollo para definir funciones de matrices (cuadradas). Es decir función $f(A)$ de una matriz A de nxn se puede desarrollar así:

$$f(A) = \sum_{k=0}^{\infty} [\frac{d^k}{dt^k} f(t)\Big|_{t=0} \cdot \frac{A^k}{k!}]$$

por ejemplo:

$$sen(A) = sen(0)I + \cos(0)A + (-sen0)\frac{A^2}{2} + ... + (-\cos 0)^n \frac{A^{2n+1}}{(2n+1)!} + ...$$

$$= A - \frac{A^3}{3!} + \frac{A^5}{5!} - ... + (-1)^n \frac{A^{2n+1}}{(2n+1)!} + ...$$

Lo mismo que se trabaja para obtener la matriz de transición en forma seriada si se tiene:

$$e^{At} = e^0 I + e^0 At + ... + e^0 \frac{A^n t^n}{n!} + ...$$

$$= I + At + \frac{A^2 t^2}{2!} + ... + \frac{A^n t^n}{n!} + ...$$

A4.2. El teorema de Cayley-Hamilton

Si

$$a_{(\lambda)} = \lambda^n + a_1 \lambda^{n-1} + a_2 \lambda^{n-2} + \cdots + a_n = 0$$

es la ecuación característica de la matriz cuadrada A. Será $|\lambda I - A| = 0$ entonces A satisface la ecuación

$$a_{(A)} = A^n + a_1 A^{n-1} + a_2 A^{n-2} + \cdots + I a_n = 0$$

El Teorema de Cayley - Hamilton se expresa como "***Toda matriz cuadrada satisface su ecuación característica***", esto parece obvio desde que

$$|AI - A| = 0.$$

Supongamos una ecuación característica de orden n

$$z^n + a_1 z^{n-1} + \cdots + a_n = 0$$

Entonces para la matriz cuadrada A

$$A^n + a_1 A^{n-1} + \cdots + a_n I = 0$$

por lo tanto

$$A^n = -(a_1 A^{n-1} + \cdots + a_n I)$$

Ejemplo

Supongamos $A = \begin{bmatrix} 3 & 2 \\ 2 & 3 \end{bmatrix}$ la ecuación característica es $z^2 - 6z + 5 = 0$.

Aplicando Cayley-Hamilton

$$A^2 = 6A - 5I$$

esto puede extenderse, si se multiplica por A resulta

$$A^3 = 6A^2 - 5A = 6[6A - 5I] - 5A = 31A - 30I$$

$$A^4 = 156A - 155I$$

En general el teorema de Cayley-Hamilton hace posible calcular cualquier potencia de una matriz en función de una combinación lineal de A^k, para $k=0,1,2,...n-1$.

Análogamente se pueden obtener por este método potencias superiores de A.

Si a la ecuación $A^2 = 6A - 5I$ multiplicamos ambos miembros por A^{-1}, se obtiene:

$$A^{-1} = \frac{6I - A}{5}$$

suponiendo que existe A^{-1}.

Como consecuencia de este teorema se deduce que, cualquier función $f(A)$ se puede expresar de la forma:

$$f(A) = \sum_{k=0}^{n-1} \alpha_k A^k$$

Por otra parte, sea A una matriz nxn y $f_{(\lambda)}$ una función escalar del escalar λ. Se puede extender $f_{(\lambda)}$ a una función de una matriz cuadrada $f(A)$.

Si $f_{(\lambda)}$ es un polinomio de grado m o se aproxima mediante un polinomio de grado m en general $m > n$.

$$f_{(\lambda)} = \alpha_0 \lambda^m + \alpha_1 \lambda^{m-1} + \ldots + \alpha_m$$

entonces la función matricial por extensión se define como

$$f_{(A)} = \alpha_0 A^m + \alpha_1 A^{m-1} + \cdots + \alpha_m I$$

Los valores propios de $f(A)$ pueden obtenerse: si $f(A)$ es un "polinomio en A" y e_i son los autovectores de A asociados a los autovalores λ_i entonces:

$$f_{(A)} e_i = f_{(\lambda_i)} e_i$$

por lo tanto " $f_{(\lambda_i)}$ es un autovalor de $f(A)$" y e_i es el correspondiente autovector.

Además si $f(\lambda)$ puede definirse por la serie de potencias, (aproximación polinómica)

$$f(\lambda) = \sum_{i=0}^{\infty} c_i \cdot \lambda^i$$

la cual converge para $|\lambda_i| < R$ (para todos los valores propios de A que satisfagan $|\lambda_i| < R$ entonces la función matricial

$$f(A) = \sum_{i=0}^{\infty} c_i A^i \qquad\qquad \text{es también convergente.}$$

Por el teorema de Cayley-Hamilton se determina que para cada función f hay un polinomio P de grado menor que n (al menos uno) tal que

$$f_{(A)} = P_{(A)} = \alpha_0 A^{n-1} + \alpha_1 A^{n-2} + \cdots + \alpha_{n-1} I$$

y

$$f_{(\lambda i)} = P_{(\lambda i)} \qquad\qquad i = 1, 2, 3, \ldots, n$$

Si los autovalores son diferentes, entonces estas condiciones son suficiente para determinar los coeficientes α_i, $i = 0, 1, 2, \ldots, n-1$.

Si hay autovalores múltiple de multiplicidad m entonces aparecen las condiciones adicionales

$$f'(\lambda_i) = P'(\lambda_i)$$
$$f''(\lambda_i) = P''(\lambda_i)$$
$$f^{(m-1)}(\lambda_i) = P^{(m-1)}(\lambda_i)$$

Este método es muy usado para el cálculo de potencias, autovalores y como ahora nos interesa funciones de matrices.

Ejemplo

Sea

$$A = \begin{pmatrix} 0 & 1 \\ -1 & 0 \end{pmatrix}$$

y se desea conocer e^{AT}, entonces como A es de 2x2 por el teorema de C y H se le hace corresponder un polinomio de grado 1 o sea

$$e^{AT} = \alpha_0 AT + \alpha_1 I$$

A tiene como autovalores $\pm i$ luego la función tiene como autovalores $f(\lambda_i)$ o sea e^{iT} y e^{-iT} que tiene que satisfacer el polinomio $f(\lambda_i) = p(\lambda_i)$ porque son distintos

$$e^{iT} = \alpha_0 iT + \alpha_1$$
$$e^{-iT} = -\alpha_0 iT + \alpha_1$$

Resolviendo

$$\alpha_0 = \frac{1}{2i}(e^{iT} - e^{-iT}) = \operatorname{sen}(T)$$

$$\alpha_1 = \frac{1}{2}(e^{iT} + e^{-iT}) = \cos(T)$$

Luego

$$e^{AT} = \operatorname{sen}(T)\begin{pmatrix} 0 & 1 \\ -1 & 0 \end{pmatrix} + \cos(T)\begin{pmatrix} 1 & 0 \\ 0 & 1 \end{pmatrix} = \begin{pmatrix} \cos(T) & \operatorname{sen}(T) \\ -\operatorname{sen}(T) & \cos(T) \end{pmatrix}$$

Se pueden resumir los pasos como:

1. Determinar el polinomio de grado n-1 tal que $f(A) = P_{(n-1)}(A)$ con A; nxn.

2. Determinar los autovalores de A, si son distintos, se conocen los de $f(A)$ como $f(\lambda_i)$.

3. Se debe verificar para estos autovalores que se cumpla que $f(\lambda_i) = P_{n-1}(\lambda_i)$

que permite conocer los coeficientes de P, con lo cual se conoce $f(A)$.

Ejemplo

Sea

$$\varnothing = \begin{bmatrix} 1 & h \\ 0 & 1 \end{bmatrix}$$

deseamos calcular la matriz, $\ln \varnothing$.

1. $\ln \varnothing = \alpha_0 \varnothing + \alpha_1 I$

2. Autovalores de $\varnothing$, son $(\lambda - 1)^2 = 0$, o sea múltiple de multiplicidad 2.

3. Cálculos de los coeficientes. $f(\lambda_i) = P(\lambda_i)$

$$\frac{\delta f(\lambda_i)}{\delta \lambda_i} = \frac{\delta P(\lambda_i)}{\delta \lambda_i}$$

$$\ln 1 = \alpha_0 + \alpha_1 \qquad \text{ó} \qquad 0 = \alpha_0 + \alpha_1$$

$$\frac{\delta}{\delta \lambda} \ln \lambda \bigg|_{\lambda=1} = \alpha_0 \qquad 1 = \alpha_0$$

Luego surge

$$\alpha_0 = 1 \quad \alpha_1 = -1 \quad Ln\varnothing = \begin{pmatrix} 1 & h \\ 0 & 1 \end{pmatrix} - \begin{pmatrix} 1 & 0 \\ 0 & 1 \end{pmatrix} = \begin{pmatrix} 0 & h \\ 0 & 0 \end{pmatrix}$$

Ejemplo

Cálculo de potencias de matrices cuadradas, como A^{100} con A de 2x2

$$A^{100} = \alpha_0 A + \alpha_1 I \quad \text{con } \lambda_1 y \lambda_2 \text{ autovalores de } A$$

$$\lambda_1^{100} = \alpha_0 \lambda_1 + \alpha_1$$

$$\lambda_2^{100} = \alpha_0 \lambda_2 + \alpha_1 \rightarrow \quad \alpha_0 \text{ y } \alpha_1$$

con lo que permite conocer A^{100}

Introducción al Matlab para Sistema de Control

A5.1. Introducción

Se presenta un resumen sobre las aplicaciones básicas de Matlab aplicado especialmente a control, con el fin que el estudiante posea una guía que le permita trabajar los temas de Sistemas de Control.

A5.1.1. Descomposición en fracciones

Sea una F de T:

$$G(s) = \frac{b_1 s^n + b_2 s^{n-1} + \cdots + b_n}{a_1 s^m + a_2 s^{m-1} + \cdots + a_m}$$

$$num = [b_1 \, b_2 \ldots b_n]$$
$$den = [a_1, a_2 \ldots a_n]$$

$$[r, p, k] = residue \, (num, den)$$

r= residuos, p= polos   , k =término constante

Ejemplo:

$num=[2\ 5\ 3\ 6]$

$den\ =[1\ 6\ 11\ 6]$

$[r, p, k] = residue \, (num, den)$

$r =$

-6

-4

3

$$p =$$

-3

-2

-1

$$k = \quad 2$$

Significa :

$$G(s) = \frac{-6}{5+3} + \frac{-4}{5+2} + \frac{3}{5+1} + 2$$

A5.1.2. Conversión de tiempo continuo a tiempo discreto

La orden

$$[G,H] = c2d(A,B,Ts)$$

Ts es el tiempo de muestreo en segundos.

Si

$$x'=Ax+Bu$$

la transformada es

$$x(k+1) = G. x(k) +H. u(k)$$

A5.1.3. Análisis de la respuesta transitoria en sistemas discretos

Para la respuesta transitoria, la orden usada es:

$$y= filter \; (\; num, \; den, \; x \;)$$

Donde x es la entrada, y es la salida filtrada.

A5.1.4. Entradas estándares

Delta Kroenecker:

$$\delta (n) = \begin{cases} 1 & n = 0 \\ 0 & n = 1,2,3... \end{cases}$$

Una δ Kroenecker de 61 puntos es

$$u(0) =1$$

$$u(k) = 0 \qquad\qquad para \ \ k = 1,2,3....60$$

se puede introducir como:

$$u = [1 \ \ zeros \ (1,60)]$$

si fuese un δ de magnitud 8 y longitud 41.

$$u = [8, \ zeros \ (1,40)]$$

Escalón

$$u(k) = 1 \qquad si \quad k = 0,1,2,.........,100$$

se puede introducir como:

$$u = ones \ (1,101)$$

ó

$$u = [1 \ \ ones \ (1,100)]$$

Si fuese un escalón de amplitud 5 sería:

$$u = 5* ones \ (1,101)$$

ó

$$u = [5, \ 5 \ * \ ones \ (1,100)]$$

Entrada rampa

$$u = t \qquad\qquad para \ \ t > 0$$

En sistemas discretos $t = kT$ donde T es el periodo de muestreo en segundos y $k = 0, 1, 2 ....$

$$u(k) = kT \qquad k = 0,1,2.....50$$
$$u = 0 : T : 50 * T$$

o

$$k = 0 : 50 ;$$
$$u = [k * T]$$

$$Si \ T = 0.2seg. \quad y \ \ k = 50$$
$$u = 0:0,2:10 \quad \acute{o}$$
$$k = 0:50;$$
$$u = [k * 0.2]$$

Entrada aceleración

Recordemos que si $h = [0 \ 1 \ 2 \ 3 \ 4 \ 5 \ 6]$, por ejemplo y $w = h^2$ se pone:

$$w = h. \wedge 2$$

el punto significa cuadrado de cada elemento de h

Si

$$u(k) = \frac{1}{2}(kT)^2 \quad para \ \ k = 0,1,2...$$

se puede hacer

$$k = 0:40$$

$$u = [0.5 * (0.2 * k). \wedge 2]$$

A5.2. Filtros Digitales

Sea:

$$\frac{Y_{(z)}}{X_{(z)}} = \frac{b_{(z)}}{a_{(z)}}$$

se puede expresar como

$$y = filter \ (b, \ a, \ x) \qquad o \qquad y = filter \ (num, \ der, \ x)$$

filtra los datos x con el filtro descripto.

Por ejemplo, si

$$\frac{Y_{(z)}}{X_{(z)}} = \frac{10 + z}{10z^3 + 6z^2 + 2z + 1} = \frac{10z^{-2} + 2z^{-3}}{10 + 5z^{-1} + 2z^{-2} + z^{-3}}$$

ya sea en potencias decrecientes de z o crecientes de z^{-1} se ingresa como:

$$b = [0 \ 0 \ 10 \ 1]$$

$$a = [\ 10\ \ 5\ \ 2\ \ 1\ ]$$

Como el polinomio numerado es de menor grado que el denominador se rellenan con ceros. Realiza la convolución "circular" o periódica de igual longitud de secuencias. El polinomio numerador debe ser del mismo tamaño que el denominador.

Ejemplo:

$$\frac{Y_{(z)}}{X_{(z)}} = \frac{0.473z^{-1} - 0{,}3393\,z^{-2}}{1 - 1{,}5327\,z^{-1} + 0{,}6607\,z^{-2}}$$

Obtengamos la respuesta $y_{(k)}$ a una entrada $\delta_{(k)}$ Kroenecker.

$$x_{(k)} = 1 \quad k = 0$$
$$x_{(k)} = 0 \quad k \neq 0$$

luego

$$X_{(z)} = 1$$

La entrada la describimos

$$x = [1, zeros(1, N)]$$

La salida $y_{(k)}$ a una entrada $\delta_{(k)}$ es la transformada inversa de $Y_{(z)}$.

Para obtener esta respuesta que es además la inversa de $Y_{(z)}$ se hace:

$num = [0\ \ 0{,}4673\ \ -0{,}3393];$

$den = [1\ \ 1.5327\ \ \ \ 0.6607];$

$x = [1, zeros\ (1,40)];$

$y = filtrar\ (num,\ den,\ x);$

Para representar estos valores se debe tener en cuenta que $0 \leq k \leq N = 40$ y la representación de $y_{(k)}$ se estima entre -1 y 1. Si no es así hay que cambiar el rango.

Para introducir estos rangos se puede hacer:

$v = [\ 0\ \ 40\ \ -1\ \ 1]$

$axis\ (N)$

o combinando

$$axis\ ([0,\ 40\ -1\ 1)]$$

Luego añada *plot (y, 'o')*

Pruebe *plot (y, '-')*

y muy importante *plot (k, y, 'o')*

Programa:

$$num = [0\ 0.473 - 0.393];$$
$$den = [1 - 1.5327\ 0.6607]:$$
$$x = [1\ zeros\ (1,40)];$$
$$v = [0\ 40 - 1\ 1];$$
$$axis(v);$$
$$y = filter\ (num, den, x);$$
$$plot(y, 'o')$$
$$grid$$
$$title('\ respuesta\ a\ una\ entrada\ delta')$$
$$xlabel('k + 1')$$
$$ylabel('y(k)')$$

Si agregamos después de *axis (v);*

$$k = 0:\ 40;$$

Y graficamos con *plot (k, y, 'o')*

Ejemplo.

Considere la ecuación de diferencia.

$$x(k + 1) + x(k) = x(k + 2)$$

donde

$$x_{(0)} = 0\ ,\ x_{(1)} = 1\ ,\ x_{(2)} = 1$$

$$k = 0$$

$$x_1 + x_0 = x_2$$
$$k = 1 \quad x_2 + x_1 = x_3 = 2$$
$$k = 2 \quad x_3 + x_2 = x_4 = 3$$

Esta serie 0, 1, 1, 2, 3, 5, 8, 13 ... se conocen como series de Fibonaci.

La transformada z de esta ecuación es:

$$Z^2 X_{(z)} = z^2 x_{(0)} - zx_{(1)} = zX_{(z)} - z\, x_{(0)} + X_{(z)}$$

$$X_{(z)} = \frac{z^2 x_{(0)} + z\, x_{(1)} - z\, x_{(0)}}{z^2 - z - 1} = \frac{z}{z^2 - z - 1}$$

Programa:

% series de Fibonaci

```
num = [0  1  0];
den = [1 -1  -1];
u = [1  zeros (1,30)];
x = filter (num, den, u);
plot (x, 'o')
title ('serie Fibonaci')
xlabel('k')
ylabel('x(k)')
```

Ejemplo:

Sistema de control diseñado para una entrada en salto.

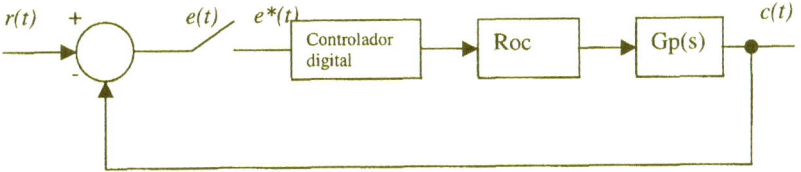

Transformando:

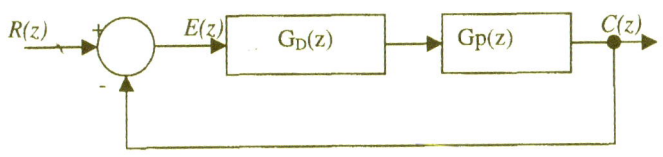

$$G_p(z) = Z\left[\frac{1 - e^{-sh}}{s} G_p(s)\right] = (1 - z^{-1}) Z\left\{\frac{G_p(s)}{s}\right\}$$

$$G_p(z) = (1 - z^{-1}) Z\left\{\frac{1}{s^2(s+1)}\right\}$$

$$G_p(z) = (1 - z^{-1}) \left[\frac{z^{-1}}{(1-z^{-1})^2} - \frac{1}{1-z^{-1}} + \frac{1}{1-0,3679\,z^{-1}} \right]$$

A través de un diseño analítico se puede obtener el controlador digital.

$$G_D(z) = \frac{1,5820 - 0,5820\,z^{-1}}{1 + 0,4180\,z^{-1}}$$

La F de T a lazo abierto.

$$G_D(z).G_p(z) = \frac{0,582(+0,7181)}{(z+0,418)(z-1)}$$

y a lazo cerrado.

$$\frac{C_{(z)}}{R_{(z)}} = \frac{0,5820\,z + 0,4180}{z^2}$$

Programa:

```
num[0 0.5820 0.4180];
den[1 0 0];
r = ones (1, 21);
x = [1 ones (1, 40);
k = 0 : 20;
v = [0 20 0 1.6] ; axis(v);
c = filter (num, den, r);
plot (k, c, 'o', k, c, '-')
grid, title ('Respuesta a un escalón')
x label('k'), y label ('c(k)')
```

Si el sistema viene expresado como ecuación de estado se obtiene:

$$[num, den] = ss2tf\ (G, H, C, D)$$

A5.3. Lugar de las Raíces en el Plano Z

La construcción del lugar de raíces en z son iguales a los del plano s. La diferencia es la interpretación de la región de estabilidad.

> *En (z) los polos que se encuentran fuera del círculo unidad corresponden a los polos inestables.*

Ejemplo:

Supongamos que la F de T es:

$$G_D(z).G_{(z)} = \frac{0{,}0176 \ K(z + 0{,}8760)}{(z - 0{,}2543)(z - 1)}$$

Llamado a $K' = K. \ 0{,}0176$ y variando K' desde 0 a ∞ tenemos el lugar de las raíces.

El Programa:

$num = [0 \ \ 1 \ \ 0{,}8760];$

$den = [1 \ \ -1.2543 \ \ 0.2543];$

$rlocus \ (num, den);$

$Axis \ scales \ \ auto - ranged$

$Axis \ scales \ \ frazen$

$grid, titles ('Lugar \ \ de \ \ raíces')$

Es deseable superponer para el diagrama del círculo unidad y se puede hacer:

$p = 0 : 0.01 : 2 * pi;$

$x = sin(p);$

$y = cos(p);$

$plot(x, y)$

previo a este gráfico del círculo recordar, la orden *hold* para que suponga los gráficos.

A5.4. Respuesta Mediante la Transformación Bilineal

Matlab define a la transformación lineal como:

$$z = \frac{1 + (T/2)w}{1 - T/2w}$$

donde T es el periodo de muestreo. La inversa es:

$$w = \frac{2}{T} \frac{z-1}{z+1}$$

Transformada $G_{(z)}$ en $G_{(w)}$ se puede tratar como una F de T convencional en w.

Al reemplazar $w = j \ v$ sucede que:

- Los márgenes de ganancia y fase de $G_{(w)}$ se aplica como caso de tiempo continuo.

$$w = j \; v = \frac{2}{T} \frac{z-1}{z+1}\bigg|_{z=e^{jwT}} = \frac{2}{T} \frac{e^{j\omega T}-1}{e^{j\omega T}+1}$$

$$= \frac{2}{T} \frac{e^{j1/2\omega T}-e^{-j1/2\omega T}}{e^{j1/2\omega T}+e^{-j1/2\omega T}} = \frac{2}{T} j \tan g \frac{\omega T}{2}$$

$$v = \frac{2}{T} \tan g \frac{\omega T}{2}$$

esta vincula la frecuencia real ω con la ficticia v

- Si T es pequeño entonces $v \cong \omega$

Lo que significa que si T es pequeño $G_{(s)}$ y $G_{(w)}$ se asemejan.

A5.4.1. Transformación de $G_{(s)}$ a $G_{(z)}$ con Roc.

$$G_{(s)} = \frac{num}{den}$$

con las ordenes

$$[A,B,C,D] = tf2ss\,(num,den);$$
$$[G,H] = c2d\,(A,B,T);$$
$$[numz,denz] = ss2tf\,(G,H,C,D)$$

Ejemplo de programa:

$$G_{(s)} = \frac{10}{s+10}$$
$$num = [0 \;\; 10];$$
$$den = [1, 10];$$
$$[A,B,C,D] = tf2ss\,(num,den);$$
$$[G,H] = c2d\,((A,B,0.1);$$
$$[numz,denz] = ss2tf\,(G,N,C,D)$$
$$nunz =$$

$$0 \qquad 0.6321$$

$$denz =$$

$$1.0000 \quad -0,3674$$

$$\text{Luego}: \quad G_{(z)} = \frac{0,6321}{z-0,3674}$$

A5.5. Transformación Bilineal

Programa:

$$z = \frac{1 + T/2w}{1 - T/2w} = \frac{1 + 0.05w}{1 - 0.05w}$$

Se puede proceder:

1- Sustituir z por $-z$ en $G_{(z)}$.

2- Usar la orden *[numv, denv]= bilinear (nun, den, fs)* con $fs = 1/T = 10Hz$

Esto es porque la orden bilinear utiliza la transformación:

$$z = 2fs\,\frac{v-1}{v+1}$$

Si, $2f_s = 20$

$$z = \frac{v-1}{v+1}$$

Aplicación

$$z = \frac{1 + \frac{T}{2}w}{1 - \frac{T}{2}w}$$

$$w = \frac{2}{T}\,\frac{z-1}{z+1} = 2fs\,\frac{z-1}{z+1}$$

Si $T = 0.1\ seg$. Corresponde $fs = 10\ Hz$ pero si $fs=0.5\ hz$ corresponde $T` = 2$

$$z = \frac{1 + 0.05w}{1 - 0.05w} = +\frac{v-1}{v+1}$$

Si $fs = 0.5$ resulta:

$$v = \frac{z+1}{z-1} \qquad \text{es lo que hace la bilineal}$$

luego

$$v = -0.05\,w$$

$$-z = \frac{1+0,05\ w}{1-0,05\ w} = \frac{1-v}{1+v}$$

Los pasos (para este caso):

1. Sustituir z por $-z$ en $G(z)$.

2. Usar la orden.

$$[numv,\ denv] = bilineal\ (num,\ den\ fs)$$

con

$$fs = 0,5$$

se obtiene

$$G(v) = \frac{num\ v}{den\ v}$$

3. sustituir $v = -0,05\ w$ y se obtiene $G(w)$.

    Las sustituciones se pueden hacer con el Matlab de la siguiente forma:

    Supongamos que el *numv* = [-0,4621 – 0,4621]

    Entonces *numw* = [-0,4621 - 0,4621] . * [-0.05 , 1]

    El .* el punto significa producto elemento a elemento.

Ejemplo:

$$G(z) = \frac{0.01873 + 0,01752}{z^2 - 1,8187z + 0,081\ z}$$

Si T= 0,2 seg.

$$z = \frac{1 + \frac{T}{2}\ w}{1 - \frac{T}{2}\ w} = \frac{1 + 0,1\ w}{1 - 0,1\ w}$$

1- Sustituir z por $-z$

$$num = [0 - 0.018 + 3 - 0.01752];$$
$$den = [1 \quad 1.8187 \quad 0.81787]$$

2- Usar la orden.

[nuv, denv] = bilinear (nun, den, 0.5)

nuv =

    -0.0003   0.0096   0.01

denv =

    1   -0.0997   0

3- Convertir $G_{(v)}$ a $G_{(w)}$ relacionarlos por $v = -0.1w$.

nunv = [-0.0003   0.0096   0.01] .* [(-0.1 $\wedge$2 –0.1 1)]

denv =[1 -0.00997 0].* [(0.1)$\wedge$ 2 -0.1 1)]

o escribir simplemente.

nunv = [nunv] . * [1 -10   100];

denv = [denv] . * [1 -10   100];

A6

Ejercicios para Control Digital

Un sistema de control digital es:

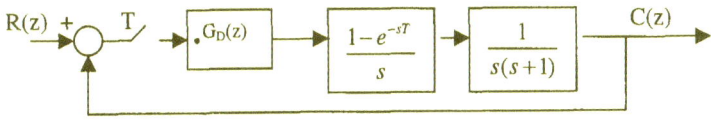

Figura A6-1

Diseñe el controlador $G_D(z)$ tal que $\xi=0,5$ y el número de nuestras por ciclo sea 8. Suponga T=0,1 seg. Determine el Kv.

Obtenga la respuesta a un escalón.

Problema 2

El sistema indicado en el problema anterior y por medio de un Bode y la transformada w diseñe un controlador tal que $Mf \geq 60^o$; $Mg \geq 12\ dB$ y la $Kv = 5\ seg^{-1}$. El $T = 0,1\ seg$.

Constate los resultados con el diseño por el lugar de raíces y saque conclusiones.

Problema 3

Considere el sistema de control digital siguiente.

Trace el lugar de raíces. Determine el K crítico. El periodo de muestreo es de 0,1 seg. . Qué valor de ganancia K será necesaria para un factor $\xi=0,5$. Determine la frecuencia amortiguada y el número de muestras por ciclo de la oscilación senoidal.

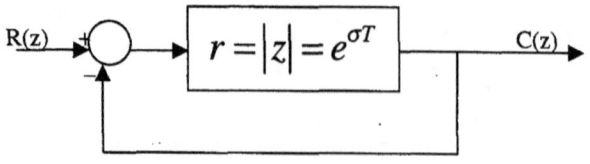

Figura A6-3

Problema 4

Considere el sistema dibujado a continuación, diseñe un controlador digital que incluya una acción integral. Las especificaciones de diseño son que el factor de amortiguamiento $\xi=0,5$ de los polos dominantes y que existan por lo menos 8 muestras por ciclo de la oscilación senoidal amortiguada. El periodo de muestreo es de T=0,2 seg. .

Determine la constante de velocidad del sistema compensado.

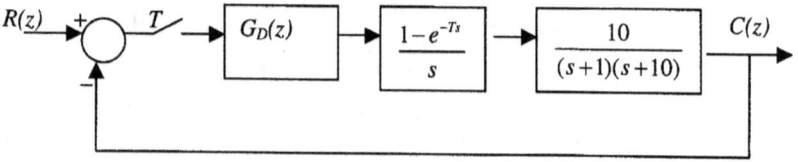

Figura A6-4

Problema 5

Determine la estabilidad por Liapunov del sistema:

$$x(k+1) = \begin{pmatrix} \cos T & sen T \\ -sen T & \cos T \end{pmatrix} x(k)$$

Problema 6

Determine la función de Liapunov y diseñe el sistema por Liapunov.

Si se desean que los polos estén en $0,5\pm j0,2$ diseñe por la ubicación de los polos y compare ambos diseños. Saque conclusiones.

a) $x(k+1) = \begin{pmatrix} 1 & -1,2 \\ 0,5 & 0 \end{pmatrix} x(k) + \begin{pmatrix} 1 \\ 0 \end{pmatrix} u(k)$

b) $x(k+1) = \begin{pmatrix} 0,5 & 0 \\ 0 & 0,2 \end{pmatrix} x(k) + \begin{pmatrix} 1 \\ 1 \end{pmatrix} u(k)$

Problema 7

Considere el siguiente sistema:

$$x(k+1) = \begin{pmatrix} 0 & 1 \\ -0,16 & -1 \end{pmatrix} x(k) + \begin{pmatrix} 0 \\ 1 \end{pmatrix} u(k)$$

Realice un diseño dead bead y obtenga la respuesta si $y(k)=x_1(k)$, comparada con un diseño óptimo de Liapunov

Problema 8

Considere el sistema de doble integrador dado por las ecuaciones:

$$x(k+1) = \begin{pmatrix} 1 & T \\ 0 & 1 \end{pmatrix} x(k) + \begin{pmatrix} T^2/2 \\ T \end{pmatrix} u(k)$$

$$y(k) = \begin{pmatrix} 1 & 0 \end{pmatrix} x(k)$$

donde T es el tiempo de muestreo. La configuración del observador es la mostrada en el teórico. Se desea que el vector de error exhiba una respuesta con oscilaciones muertas (Dead bead).

Obtenga la matriz de realimentación K y diseñe el observador.

Bibliografía

- **Aström, K-Björn W.** *Computer Controlled System-Theory and Design.* Edición de Prentice Hall-1982.

- **Cook Pa.** *"Nonlineal Dynamical Systems".* Edición de Prentice Hall-1994.

- **Dazzo J. J. y Houppis C.H.** *"Sistemas lineales de control".* Análisis y diseño convencional y moderno Ed. Paraninfo Madrid. 1977

- **Goodwin G.C. - Grebe S.F. - Salgado M.E.** *" Control System Design".* Ed Prentice Hall. 2001.

- **Kuo B. - Hanselman D.** *"Matlab Tools for Control System Analysis and Design"* Ed. Prentice Hall. 1994.

- **Kuo B.** *"Sistemas de Control Digital ".* Ed. Continental SA Mexico. 1997.

- **Monroy Olivares C.** *"Teoría del caos".* Ed. Alfaomega SA – Méjico. 1997.

- **Ogata** *"Ingeniería del Control usando Matlab".* Ed.Prentice Hall. 1999.

- **Ogata K.** *"Sistemas de Control en Tiempo Discreto".* Ed. Prentice Hall. 1996.

- **Ogata Katsuhiko.** *"Dinámica de sistemas".* Ed. Prentice Hall Ispanoamérica. 1993.

- **Ogata Katsuhiko.** *"Ingeniería del Control Moderno".* Ed.Prentice Hall-1° Edición 1972. 2° Edicion. 1992.

- **Ollero Baturone A.** *"Control por computador – Descripción interna y diseño óptimo".* Ed. Marcombo SA. España. 1991.

- **Phillips C. - Troy Nagle N.** *"Sistemas de control Digital - Análisis y Diseño".* Ed. Prentice Hall 1990/1998. 1ra y 2da edición.

Otros Títulos de esta Editorial

MATEMATICA

Algebra y Geometría. Molina-Gigena-Joaquin-Gomez- Vignoli.
Análisis Matemático I. Azpilicueta-Gigena-Joaquin-Molina-Cabrera.
Matemática I para Ciencias Naturales. Vera de Payer - Molina - Gigena - Ludueña Almeida.
Algebra Lineal. Elizabeth Vera de Payer.
Introducción a la Matemática. Azpilicueta-Gigena-Molina-Gómez. (En preparación)
Análisis Matemático II. Gigena - Binia - Joaquín - Cabrera - Abud 2° Ed. (En preparación)

FISICA Y QUIMICA

Notas de Química General. P. Carranza - S. Faillaci.
Física I. G. V. Morelli. (En preparación)
Física II. Electromagnetismo. G. V. Morelli.
Física III. G. V. Morelli. (En preparación)
Calor y Termodinámica. G. V. Morelli. (En preparación)
Mecánica. G. V. Morelli. (En preparación)
Termodinamica Técnica. F. Arenas (En preparación)

DISEÑO

Representación Gráfica I. O. Maligno y otros.

INGENIERIA E INFORMATICA

Algoritmos y Estructuras de Datos. Valerio Fritelli.
Aprenda Lenguaje ANSI C. J. García.
Aprenda C++. J. García.
Lenguaje C++. K. Barclay.
Aprenda Java. J. García.
Aprenda Visual Basic. J. García.
Sistemas Operativos. Norberto Cura.
Comunicaciones. J. Galoppo - C. Montaña Mansur.
Redes de Información. C. Sánchez-J. Galoppo. 3° Edición.
Introducción a Sistemas de Control. Víctor H. Sauchelli. 4° Edición.
Sistemas Celulares de Comunicaciones Móviles. J. Galoppo.
Métodos Numéricos. Rosendo Gil Montero.
Res. de Prob. con Matlab. Métodos Numéricos. R. Gil Montero.
Res. Prob. con Matlab. Sistemas de Control. V. Garrone.
Guía de Introducción a Matlab. J. García - J. Rodriguez.
Resolución de Problemas con C++. Rosendo Gil Montero.
Comunicaciones de Datos y Redes de Información. Norberto Cura (2 Tomos).
ADSL - Asymetric Digital Subscriber Line. Norberto Cura.
Economía para Ingenieros. E. Masciarelli. (En preparación).
Problemas Resueltos de Economía. E. Masciarelli.
Gestión de la Calidad. Carlos Boero. 2° Edición.
Organización Industrial. C. Boero.

INGENIERIA INDUSTRIAL

Gestión de Abastecimiento. Carlos Boero.
Costos Industriales. C. Boero.
Evaluación de Proyectos. C. Boero.
Mantenimiento Industrial. C. Boero.
Introducción a la Logística. C. Boero.
Gestión de Mantenimiento. L. Torres.

Mercadotecnia. M. Gómez - G. Gimenez.
Costos Industriales. F. Antón - O. Giovannini.
Recursos Humanos. M. Gomez - G. Gimenez.
Planificación y Control de la Producción. F. Antón - O. Giovannini.

ELECTRONICA Y COMUNICACIONES
Teoría de las Comunicaciones. Pedro Danizio.
Dispositivos Electrónicos. Carlos Chaer.
Fuentes Conmutadas. Juan Carlos Floriani.
Sistemas de Control No Lineales. V. Sauchelli.
Sistemas de Control Digitales. V. Sauchelli.
Teoría de la Información y Codificación. V. Sauchelli.
Teoría de Señales y Sistemas Lineales. V. Sauchelli.
Teoría Moderna de Filtros con Matlab. Walter Monsberger.
Mediciones Electrónicas. Hugo Grazzini.
Teoría de Señales. E. Vera de Payer.
Análisis Conjunto Tiempo-Frecuencia. E. Vera de Payer.
Elementos de Prog. en C++ para Electrónicos. E. Destéfanis.

AERONAUTICA
El Avión. Calidad del equilibrio, control y estabilidad dinámica. José A. Sirena.
Dinámica de los Gases. J. Tamagno (En preparación).

MECANICA - ELECTRICIDAD
Sistemas de Puesta a Tierra. Juan Carlos Arcioni.
Mediciones en Alta Tensión. Alberto Torresi.
Sobretensiones. Alberto Torresi.

INGENIERIA CIVIL
Introducción a la Teoría de la Elasticidad. Godoy-Pratto-Flores.
Estructuras Metálicas. Gabriel Troglia.
Proyectos, Dirección de Obras y Valuaciones. A. Armesto.
Ejercicios de Sistemas Planos de Alma Llena. Juan Weber
Lluvias de Diseño. G. Caamaño Nelli - C. Dasso.
Proyecto y Arq. de las Instalaciones Eléctricas. R. Levy.
Gestión, regulación y Control de Servicios Públicos. FCEFyN-UNC.
Congreso Internacional de Servicios Públicos. FCEFyN-UNC.

BIOINGENIERIA
Seguridad y Normalización en Instalaciones Eléctricas Hospitalarias. R. Taborda.
Diagnóstico por Imágenes. M. Malamud.

La presente edición de *Sistemas de Control Digital*
se terminó de imprimir en
la ciudad de Córdoba, Argentina,
en el mes de abril del 2020.

UNIVERSITAS

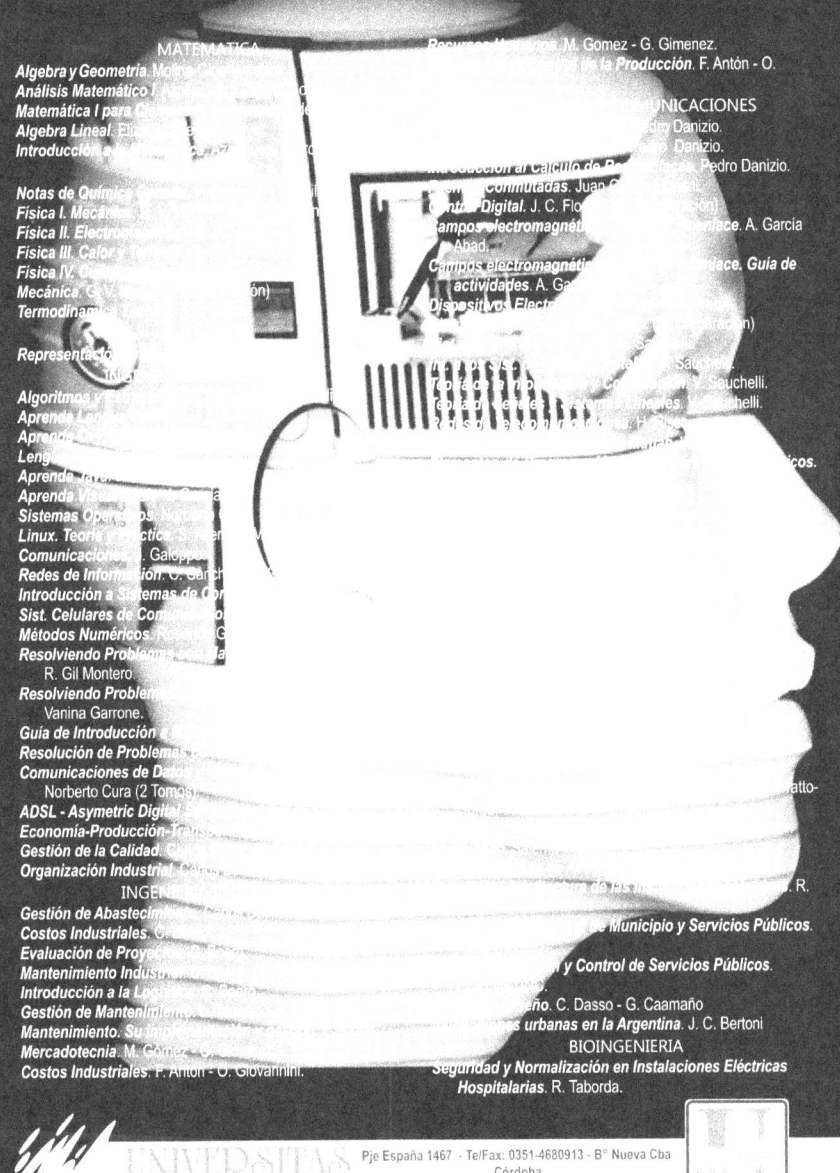

MATEMATICA

Algebra y Geometría. Molina...
Análisis Matemático I. ...
Matemática I para C...
Algebra Lineal. Eli...
Introducción a...

Notas de Química...
Física I. Mecánica...
Física II. Electro...
Física III. Calor y...
Física IV...
Mecánica. G. V...
Termodinám...

Representació...

INFO...

Algoritmos y...
Aprende Len...
Aprend...
Lengu...
Aprende Ja...
Aprenda Visu...
Sistemas Operativos. Nota...
Linux. Teoría y Práctica. S...
Comunicaciones. J. Galopp...
Redes de Información. G. Sánch...
Introducción a Sistemas de Com...
Sist. Celulares de Comu...
Métodos Numéricos. R... G...
Resolviendo Problemas con Ja...
   R. Gil Montero.
Resolviendo Problema...
   Vanina Garrone.
Guía de Introducción a...
Resolución de Problemas...
Comunicaciones de Da...
   Norberto Cura (2 Tomos)
ADSL - Asymetric Digital...
Economía-Producción-Tran...
Gestión de la Calidad. C...
Organización Industrial. Có...

INGENI...

Gestión de Abastecim...
Costos Industriales. G...
Evaluación de Proyec...
Mantenimiento Indust...
Introducción a la Log...
Gestión de Mantenimien...
Mantenimiento. Su Imple...
Mercadotecnia. M. Gómez - ...
Costos Industriales. F. Antón - O. Giovannini.

Recursos Humanos. M. Gomez - G. Gimenez.
...de la Producción. F. Antón - O.

...UNICACIONES

...dro Danizio.
...dro Danizio.
Introducción al Cálculo de Ra... Pedro Danizio.
...Conmutadas. Juan C...
...ntrol Digital. J. C. Flo...
Campos electromagnétic... ...nlace. A. García
   ...Abad.
Campos electromagnétic... ...nlace. Guía de
   actividades. A. Ga...
Dispositivos Electr...

... Sánche...
...Control... ...euchelli.
...sistemas lineales. ...euchelli.
...y exp... H...

...icos.

PROCESO...

...ño. C. Dasso - G. Caamaño
...s urbanas en la Argentina. J. C. Bertoni

BIOINGENIERIA

**Seguridad y Normalización en Instalaciones Eléctricas
Hospitalarias.** R. Taborda.

...de las in... ...R.
...e Municipio y Servicios Públicos.
...n y Control de Servicios Públicos.

UNIVERSITAS
Editorial Científica Universitaria

Pje España 1467 - Tel/Fax: 0351-4680913 - B° Nueva Cba
Córdoba

Científica
Universitaria

www.ingramcontent.com/pod-product-compliance
Lightning Source LLC
Chambersburg PA
CBHW070528220526
45467CB00003B/907